GROSS-
HAMBURGISCHE STREITFRAGEN
HERAUSGEGEBEN VON
FRED S. BAUMANN
HEFT 2/3

DIE VERKEHRS- UND SIEDLUNGSPOLITIK DER FREIEN UND HANSESTADT HAMBURG

VON

DR. JUR. DR. ING. ANTON SÜRTH
REGIERUNGSBAUMEISTER A. D.

HAMBURG
L. FRIEDERICHSEN & CO.
1919

Druck von J. J. Augustin in Glückstadt und Hamburg.

Vorwort des Herausgebers.

Die vorliegende Schrift von Bürgermeister Dr. jur. Dr Ing. Sürth ist bereits im Jahre 1917 verfaßt, zu einer Zeit, als die Erörterung der Groß-Hamburg-Frage noch nicht die Öffentlichkeit beschäftigte. Schon damals kam der Verfasser zu dem Schluß, daß für das Weltstadtgebilde Groß-Hamburg eine Erweiterung in dem Umfange notwendig sei, wie sie jetzt gefordert wird. Die Drucklegung der Schrift ist durch mancherlei Zufälligkeiten leider verzögert worden. Eine den neueren Ereignissen entsprechende Ergänzung der einzelnen Abschnitte hat jedoch stattgefunden. Der Optimismus, zu dem der Verfasser sich 1917 berechtigt glaubte und der die ganze Schrift durchzieht, ist mit Absicht nicht eliminiert worden. Er soll stehen bleiben als ein Leuchtfeuer, der die Ziele erhellt, denen man auch in der dunklen Gegenwart beharrlich nachstreben soll. Allerdings wird man manche Forderungen des Verkehrs und namentlich der Schaffung von Grün- und Sportplätzen in der Hochbauzone bei der Verarmung der Stadt noch lange Zeit zurückstellen müssen.

Die Schrift erscheint zu einem Zeitpunkt, wo es wünschenswert ist, der Erörterung der Frage neuen Stoff zuzuführen. Durch die von Preußen beeinflußte Fassung des Art. 18 und 167 der Reichsverfassung ist die Schaffung eines größeren Hamburgs unter Wahrung seines bundesstaatlichen Charakters allerdings sehr erschwert. Gleichzeitig werden im Zusammenhang mit der Möglichkeit eines Einheitsreiches auch Pläne erörtert, die Hamburg zum Mittelpunkt eines territorialen Selbstverwaltungsbezirkes machen wollen.

Demgegenüber verdient darauf hingewiesen zu werden, daß die Frage Groß-Hamburg in erster Linie ein kommunalpolitisches Problem ist, das auch in einem Territorialstaat notwendig einer Lösung bedarf. Innerstadtliche Verwaltungsgrenzen, die ein völlig einheitliches Wohn- und Wirtschaftsgebiet durchschneiden, werden schon, wie das Beispiel von Groß-Berlin zeigt, als schweres Hemmnis der Entwicklung empfunden. Viel stärker noch als Hemmschuh wirken die staatlichen Grenzen, die Groß-Hamburg zerreißen. Sie machen eine einheitliche, das Gesamtinteresse berücksichtigende Siedlungs- und Verkehrspolitik unmöglich. Alle Bestrebungen in größerem Umfange die Bevölkerung im Flachbau unterzubringen, sind bei den jetzigen Grenzen zum Scheitern verurteilt. Nur durch Zusammenfassung des gesamten Gebiets der Elbspaltung ist eine der sparsamsten Wirtschaftsweise angepaßte organische Funktionsteilung des Hafenverkehrs zu ermöglichen.

Die Frage Groß-Hamburg ist nicht unter partikularistischen oder separatistischen Gesichtspunkten zu betrachten. Sie wird eine Lösung fordern, auch wenn das deutsche Einheitsreich, was zu wünschen ist, sich verwirklicht. Sollte Hamburg gezwungen werden, dem preußischen Druck nachzugeben und um seine Aufnahme in dem preußischen Staatsverband nachzusuchen, so wird die Abgrenzung des Stadtkreises Groß-Hamburg ein genau so schwieriges Problem darstellen, wie die jetzt erörterte Schaffung einer Groß-Berliner Einheits- oder Gesamtgemeinde. Die Gleichartigkeit der Fragen Groß-Hamburgs und Groß-Berlin ist bei näherer Betrachtung überraschend.

Zur Stellungnahme zu allen mit der Entwicklung Hamburgs zusammenhängenden verkehrs- und siedelungspolitischen Fragen wird diese Arbeit eine wertvolle Grundlage bieten.

August 1919.

Fred. S. Baumann.
Regierungsrat.

Inhaltsverzeichnis.

Einleitung.

Hamburg, die drittgrößte Handelsstadt der Welt, die zweitgrößte Stadt des deutschen Reiches, die größte Seestadt des europäischen Festlandes, verdankt seine Entwicklung, seine ständige Verkehrssteigerung und handelspolitische Bedeutung der Lage an derjenigen Stelle des Elbstromes, wo Seeschiffahrt und Binnenschiffahrt sich begegnen und bedeutende Eisenbahnverkehrslinien sich schneiden. Der Fluß und sein Wasser sowie die Gestaltung des Eisenbahnnetzes sind die Grundlagen seines ganzen Daseins.

Im Jahre 1900 zählte Hamburg mit den Gemeinden Altona, Wandsbek und Wilhelmsburg 915.280 Einwohner. Die Zahl der ausgeführten Fahrten im Personenortsverkehr betrug 133.819.000 oder 146,25 auf den Kopf. Im Jahre 1913 dagegen betrug die Bevölkerung dieser Gemeinden 1.283.637 Personen, die 360.136.850 Fahrten oder 280,70 Fahrten auf den Kopf ausführten. Die auf der Hamburger Straßenbahn zurückgelegten Fahrten stiegen von 92.498.000 im Jahre 1900 auf 188.063.000 im Jahre 1913. Während der Schnellbahnverkehr im Jahre 1906 nur 11.000.000 Fahrten betrug, war er im Jahre 1913 bereits auf 118.444.654 gestiegen. Diese Zahlen beleuchten zur Genüge das schnelle Wachstum Groß-Hamburgs und die Entwicklung seines Ortsverkehrs seit dem Jahre 1900.

Kurz vor Kriegsausbruch ist nun Hamburg auf Grund seiner Einwohnerzahl (Hamburg-Stadt zählte am 1. Dezember 1913 1.030.000 Einwohner) in die Reihe der Weltstädte eingetreten. Mit dieser Tatsache erwachsen Hamburg weltstädtische Aufgaben sowohl auf verkehrstechnischem als auch auf siedlungstechnischem Gebiete.

Die nachfolgenden Untersuchungen zeigen, daß Hamburg aus eigener Kraft innerhalb seiner Landesgrenzen eine weltstädtische Verkehrs- und Siedlungspolitik nicht verfolgen kann. Die Untersuchungen müssen ausgedehnt werden auf Groß-Hamburg. Über die Grenzen Groß-Hamburgs können Meinungsverschiedenheiten obwalten. Diese Grenzen bestimmen sich allgemein aus den gemeinsamen wirtschaftlichen Interessen, die die umliegenden Gemeinden mit der eigentlichen Großstadt verbinden. Im engeren Sinne gehören zu Groß-Hamburg zweifellos die Städte Altona, Wandsbek, Harburg und die Gemeinde Wilhelmsburg. Die eigentlichen Großstadtgrenzen werden aber nicht durch die zufälligen kommunalpolitischen Grenzen bedingt, sondern durch wirtschaftliche, verkehrs- und siedlungspolitische Momente.

Die wirtschaftliche Aufgabe, die Hamburg als größte Seestadt des europäischen Festlandes mit seinem mächtigen Hinterlande zu erfüllen hat, ist bestimmt durch den Ausbau seines Hafens und der Unterelbe, als Hauptadern des Weltverkehrs. Die Grenzen, die Hamburg durch die Erfüllung dieser Aufgabe gesteckt werden, werden bestimmt durch die straffe Zusammenfassung, einheitliche und restlose Befriedigung der für Handel, Gewerbe und Industrien notwendigen Bedürfnisse.

Verkehrstechnisch wird die Grenze Groß-Hamburgs bedingt durch die im Wohnverkehr aufzuwendende Zeit. Unter Wohnverkehr versteht man den Verkehr zwischen Arbeitstätte und Wohnstätte. Auf diesen Verkehr entfallen in Hamburg 51,71 % aller Fahrten. Hier soll nach der heutigen Anschauung für eine Fahrt nicht mehr als 60—70 Minuten aufgewendet werden. Als Maßstab für den in dieser Zeitspanne zurückzulegenden Weg dient allgemein der elektrisch betriebene Vorortsbahnverkehr. Rechnet man dessen Fahrtgeschwindigkeit — die allgemein bis 60 km i. Std. beträgt — in die Reisegeschwindigkeit um, so wird die Großstadtgrenze in einer Entfernung von 20—25 km vom Verkehrsschwerpunkt der in der Geschäftsstadt zu suchen ist — gemessen in der Luftlinie — liegen.

Durch diese auf verkehrstechnischer Grundlage gefundenen Großstadt-Grenzen sind auch gleichzeitig allgemein die örtlichen Grenzen für den siedlungstechnischen Ausbau der Weltstadt bestimmt. Alles das, was über diese ermittelte Fläche hinaus verlangt wird, kann den Weltstadtgedanken kaum noch fördern, sondern wird ihm hindernd im Wege stehen.

Im weiten Sinne gehört somit zu Groß-Hamburg eine Fläche, die durch einen Halbmesser von 20—25 km um den Hamburger Hauptbahnhof als Verkehrsschwerpunkt umschrieben wird.

Selbstverständlich können innerhalb gewisser Grenzen aus kommunalpolitischen, verkehrs- und siedlungstechnischem Erwägungen hier noch Verschiebungen eintreten; sie werden aber unwesentlicher Natur sein.

Diese Forderungen, die schon weit über die derzeitigen staatsrechtlichen Grenzen Hamburgs hinausgreifen, rechtfertigen allein ein Eingehen auf die Hamburger Verkehrs- und Siedlungspolitik, die nunmehr vom weltstädtischen, verkehrstechnischen und städtebaulichen Standpunkt aus betrachtet werden soll.

I. Abschnitt.

Die Verkehrspolitik, die Grundlage der Weltstadtbildung.

A. Die allgemeinen Grundsätze weltstädtischer Verkehrs- und Siedlungsfragen.

Hamburg hat mit seinem Eintritt in die Reihe der Weltstädte die Verpflichtung übernehmen müssen, nicht nur großstädtische, sondern weltstädtische Verkehrs- und Siedlungspolitik zu verfolgen. Um diese weltstädtische Politik in ihrem Wesen erkennen zu können, ist ein Eingehen auf die allgemeinen Grundsätze weltstädtischer moderner Verkehrs- und Siedlungsfragen erforderlich.

Alle modernen Großstädte, auch Hamburg, weisen bei der Besiedlung mehr oder weniger schwere und große Übelstände auf, die auf unsachgemäßer Unterbringung und Verteilung des jährlichen Bevölkerungszuwachses beruhen. Allgemein haben die Organe verwaltungstechnischer Natur, denen die Lösung dieser Frage bisher oblag, versagt, obgleich dieses Problem an sich nicht neu ist und nicht erst heute an uns herantritt. Zu allen Zeiten und bei allen Völkern hat es eine Wohnungsfrage gegeben, wenn auch nicht in dem ausgesprochenen gegenwärtigen Sinne. Heute verstehen wir unter ihr im wesentlichen die Lösung der Aufgabe, wie und wo die Menschen, die durch die verschiedenartigsten Umstände zur Großstadt hingezogen werden, in ihr am zweckmäßigsten unter Beachtung von wirtschaftlichen, rechtlichen, sozialen, kulturellen, technischen, ethischen, hygienischen und psychologischen Grundsätzen untergebracht werden und nicht allein die Lösung der Frage, wie das in allen Groß- und Weltstädten bestehende Wohnungselend zu mildern ist. Dieses Wohnungselend — dessen Bestehen in verschiedenen Stadtteilen Hamburgs nicht verneint werden kann — ist nicht einseitig einigen Erwerbs- und Berufsklassen, etwa dem Hausbesitzer, dem Bauunternehmer, dem Grundstücksspekulanten zuzuschreiben, sondern man muß, um gerecht zu bleiben, auch den Anteil ermessen, den die Mieterklasse selbst durch zu geringe Ansprüche, üble und unzweckmäßige Benutzung des gebotenen oder erreichbaren Zustandes auf ihre Schulter geladen hat. Berlin, Wien, Paris, New York sind Beispiele für die höchst mangelhafte Lösung der Wohnungsfrage; Hamburg und London weisen entschieden günstigere Entwicklungen auf. Der Grund dieser Tatsache liegt letzten Endes in dem Umstande, daß in beiden Städten eine einheitliche große Verwaltung mit stark demokratischem Einschlag sich der Verkehrs- und Siedlungsfrage angenommen hat. London hat die Lösung der Frage sehr früh, Hamburg aber reichlich spät aufgenommen, denn die Hamburger Verkehrs- und Siedlungspolitik ist kaum ein Jahrzehnt alt. Es kann nicht verkannt werden, daß Hamburg infolge der vielen Fäden, mit denen es mit der Weltstadt London bisher verknüpft gewesen ist, dieser manche Anregung auch auf dem Gebiete des Wohnungswesens zu verdanken hat. Leider scheint Hamburg seine weiteren Anregungen für die Durchführung seiner Verkehrs- und Siedlungspolitik der Weltstadt Berlin entnehmen zu wollen. Die bauliche Entwicklung Berlins ist jedoch eine ganz anders geartete als die Hamburgs und Londons. Berlin zeigt, wie das durch Festungswerke eingeengte Paris, bei der Zusammendrängung der Bevölkerung auf engstem Raume einen festungsähnlichen Charakter, und doch ist Berlin wie London eine offene Stadt — im städtebaulichen Sinne —. Ringsum ist Gelände genug vorhanden; anstatt die Stadt in die Breite zu bauen, wuchs Berlin in die Höhe. In Hamburg wird in einzelnen Stadtteilen schon derselbe Fehler begangen. In dem weiten Raume Berlins wurde nicht das Eigenhaus, sondern das Mietshaus das Typische. Von der Berliner Bevölkerung wohnen, wie in Paris, nahezu $^5/_6$ in Mietskasernen, d. h. in Häusern mit vier und mehr Stockwerken, die in den meisten Fällen noch Boden- und Kellerwohnungen besitzen; in sehr vielen Fällen sind an die Mietskasernen noch Seitenflügel gebaut, die wiederum mit einem oder mehreren durch Hofflächen getrennten Quergebäuden verbunden sind. Dazu sind diese Kasernen auf Grundstücken mit geringer Straßenfront errichtet. In einzelnen Stadtteilen Hamburgs ist diese Bauweise auch geduldet; die Mietskaserne gestattet naturgemäß auf beschränktem Raume die Unterbringung großer Menschenmassen mit sozialer Zusammenwürfelung und allen anhaftenden sozialen Nachteilen. Auf Grund dieses Wohnungssystems betrug die Wohndichte in Berlin bei einem Sechstel aller Grundstücke mehr als 125 Menschen für das Grundstück. In Hamburg ließ sich diese Zahl nicht feststellen; 5,1% der Bevölkerung = 96.000 Menschen fast eine Großstadt für sich — lebten in Berlin 1910 in Kellerwohnungen, in Hamburg waren es 4,6 % der Bevölkerung = 43 370 Personen, in Altona 4,03 % = 6 950 Personen. Der ganze Norden, Osten und Süden Berlins weist eine dichtere Besiedlung auf, als die schlechtesten Wohnquartiere Londons. Berlin kann somit nicht als nachahmenswertes Beispiel hingestellt werden.

Eine alte Erfahrung in den Großstädten ist es, daß die Wohndichte eine um so größere ist, je kleiner die Wohnung ist. Es kann nicht geleugnet werden, daß auf dem Lande die kleinen Wohnungen ebenfalls vorherrschen, Wohnungen, die nicht viel größer sind als die üblen Großstadtwohnungen. Zu einer Wohnung gehört aber eben mehr als der umbaute Raum, nämlich auch die freie Luft; eine der grundlegenden Forderungen der Hygiene ist die, daß der Mensch Gelegenheit hat, sich in freier Luft zu ergehen und seine Kinder im Freien sich tummeln zu lassen. Das Bedürfnis des menschlichen Wohnens erstreckt sich folgerichtig nicht nur auf die Behausung, sondern auch auf die Erholungsstätten im Freien und Grünen im Weichbild der Stadt. Abgesehen von einzelnen Stadtteilen ist Hamburg in dieser Beziehung zwar besser gestellt als Berlin. Aber trotz seiner günstigeren Wohnverhältnisse wird Hamburg, wie alle anderen Weltstädte in seiner weiteren Entwicklung gehemmt, wenn nicht die Wohnungsfrage von Grund auf eine durchgreifende Regelung und Gesundung erfährt.

Lange Zeit hat die Wohnungsfrage von der Gesetzgebung durchgreifende Maßnahmen und die einzige Hilfe erhofft. Von dieser verlangte man in Preußen wie in Hamburg einerseits die Milderung der bestehenden Übel, andererseits die Beseitigung der erkannten Mißstände. Die Lösung der ersten Frage fällt in das Gebiet der Wohnungspflege, die der zweiten in das Gebiet des Städtebaues.

Herrscht über das Endziel der Weltstadtbildung — die würdige Befriedigung des Wohnbedürfnisses im weitesten Sinne des Wortes und damit die Beseitigung des weltstädtischen Wohnelendes mit seinen sozialen Folgen — Klarheit, so gehen doch die Meinungen über die anzuwendenden Mittel zur Lösung der Frage immer noch auseinander. Nach welcher Moral, nach welchen Grundsätzen soll in zweckentsprechender Weise Raum geschaffen werden für die Millionen Menschen, die die moderne Volkswirtschaft in Weltstädten zusammenführt und ernährt? Die Städtebauausstellung in Berlin im Jahre 1910 ist einer der Marksteine in dem Kampfe dieser Meinungen; sie hat viel zur Lösung der Weltstadtsiedlungsfrage beigetragen und in mancher Beziehung Klarheit geschaffen.

Die Erfassung der weltstädtischen Siedlungsfrage heißt in ihrer letzten Schlußfolgerung, zunächst die weltstädtischen Verkehrsfragen zu ergründen, in ihren wechselseitigen Beziehungen zu klären und zu lösen. Die Lösung dieser Frage ist für Hamburg um so wichtiger, als der Wasserverkehr von entscheidendem Einfluß auf Hamburgs Stellung und weitere Entwicklung als Weltstadt ist.

In jeder Großstadt, auch in Hamburg, pflegt das Geschäfts- und Verkehrsleben sich auf verhältnismäßig engem Raume abzuwickeln, dessen Lage im Stadtkörper je nach den besonderen Umständen verschieden ist. In Berlin, Paris und Wien ist es der Stadtmittelpunkt, in London, New York und Hamburg ist es der mit dem Hafen in engstem Zusammenhang stehende Stadtteil. Der Drang des Kaufmanns, mit der gesamten Geschäftswelt in allerengster Verbindung zu bleiben, treibt diesen dorthin. Die Folge ist die fast vollständige Ausnutzung des Grund und Bodens, die Steigerung der Bodenwerte und weiter die Abwanderung der Bevölkerung aus diesem Stadtteil, wie auch für Hamburg nachgewiesen werden kann. Die abwandernde Bevölkerung muß je nach ihrer sozialen Lage in Außengebieten angesiedelt werden; auch der Kaufmann, der in der Geschäftsstadt seine Wohnung hatte, wird diese aus wirtschaftlichen Gründen in die Außenbezirke verlegen.

Um die Geschäftstadt herum, d. h. zwischen Geschäftsstadt und Außenbezirken, entsteht ein Gürtel, in dem ein Sinken des sozialen Standes der Bevölkerung zu verzeichnen ist. Hier bieten die Wohnungen dem bisherigen Inhaber nicht mehr die Bequemlichkeiten und Behaglichkeiten, diese Bewohner suchen ebenfalls die Außenbezirke auf; eine sozial tiefer stehende Bevölkerung findet in dem Gürtelgebiet Unterkunft. In Hamburg bedarf es keines Beweises für den hier geschilderten Vorgang. Diese Bevölkerungsschicht wird von dem Gedanken geleitet, so nahe wie möglich bei der Arbeitsstätte zu bleiben, die ja nicht nur in der Geschäftstadt, sondern auch zum Teil in den Außengebieten liegt.

Die Außengebiete werden, abgesehen von dem Gürtelgebiet und den Raumflächen, die der Entwicklung der Groß-Industrie vorbehalten bleiben müssen, sich zu reinen Wohnvierteln entwickeln; hier würden das mittelstädtische Drei- und Vierfensterhaus, vor allem aber der Landhaus- und Villenbau, die Gartenstadt, das Gartendorf, die Arbeitersiedlungen ihre Stätte finden. Eine weiträumige Bebauung, den Forderungen heutiger städtebaulicher Strömung entsprechend, wird hier Anwendung finden unter möglichster Förderung des Einfamilienhauses, das glücklicherweise von dem Hamburger immer noch bevorzugt wird. Für die soziale Zukunft Deutschlands ist gerade die Durchführung dieser Aufgabe von größter Bedeutung. Es ist nicht möglich, dieses Ziel für den Arbeiter in vollem Umfange zu erreichen, d. h. allen Arbeitern die Möglichkeit zur Erstehung eines Einfamilienhauses zu bieten.

Zwar liegt bei den Großstädten, so auch in Hamburg, am äußeren Umkreis, in der Entfernung von 10—15 km von der Geschäftstadt genügend unbebautes Land. Die Erschließung bietet aber trotz der verhältnismäßig billigen Bodenpreise seiner großen Entfernung vom Stadtmittelpunkt wegen große Schwierigkeiten. Diese Entfernungen können aber in Wirklichkeit nicht maßgebend sein, sondern nur die Art und Weise wie der Stadtmittelpunkt von diesen Außengebieten am schnellsten zu erreichen ist. Nicht allein die Entfernung, sondern die aufzuwendende Zeit, um von der Wohnung zur Arbeitsstätte und umgekehrt zu gelangen, ist maßgebend. Ferner kommt noch die Höhe der Fahrtpreise in Frage. Die Minuten Fahrtzeit in Verbindung mit den Pfennigen Fahrgeld sind das Entscheidende. Zwischen Fahrtzeit, Fahrgeld und Entfernung besteht ein ursächlicher Zusammenhang bei den verschiedenen Arten der Verkehrsmittel, der in dem Tarifwesen seinen Niederschlag findet. Die Großstadtsiedlungsfrage kann also nicht einfach dadurch gelöst werden, daß weite Flächen in den Außengebieten der Bebauung erschlossen werden, sondern erst dadurch, daß diese Gebiete mit der Geschäftstadt und dem Lebenszentrum durch Verkehrswege mit hoher Fahrtgeschwindigkeit bei niedrigen Fahrpreisen unter Vermeidung von Umwegen in engste Beziehung gebracht werden.

Allgemein dürfte es keine Schwierigkeiten bereiten, auch in Hamburg nicht, die Außengebiete durch schnellfahrende Bahnen zu erschließen; in den Außengebieten lassen sich eine Anzahl Bahnen leicht ausführen; höchst selten treten in der Wahl der Bahnlinie Schwierigkeiten auf, die eine Beschränkung erheischen. Durch die enge Geschäftstadt aber lassen sich nur eine geringe Anzahl von Bahnen hindurchführen, die um so geringer ist, je weniger Einfallstraßen die Großstadt besitzt, und Hamburg hat deren nur wenige. Hieraus folgt, daß die Schwierigkeiten der Besiedlung nicht in den Außengebieten, sondern vielmehr in der mehr oder weniger günstigen Grundrißanordnung der Innenstadt und in der Möglichkeit der Durchführung der Schnellbahnlinien durch die Geschäftsstadt liegen.

Die technische Durchführung der Linien durch die Geschäftsstadt ist nun allein auch nicht ausschlaggebend; sie muß auch zweckentsprechend sein; dies ist nur dann der Fall, wenn die Schnellbahnen sowohl mit den Fernbahnen als auch mit den Vorortsbahnen in zweckentsprechender Verbindung stehen und die Möglichkeit eines Überganges der Fahrgäste ohne nennenswerten Zeitverlust geschaffen ist. Um diese Anschlußmöglichkeiten an vielen Stellen zu erreichen, werden häufig Schnellbahnen auf kürzeren oder längeren Strecken neben den Ferngleisen einherlaufen, wie dies auch in Hamburg der Fall ist. Aus diesem Zusammenhang heraus können aber sehr leicht grundsätzliche Meinungsverschiedenheiten bei Erweiterungen des einen oder anderen Bahnnetzes entstehen, die in der Frage gipfeln, welche von beiden Bahnen — die Fernbahn oder die Stadtschnellbahn — in erster Linie auf Berücksichtigung Anspruch hat. Zweifellos sind die Stadtschnellbahnen ein höchst wichtiges Glied bei der Lebensfrage einer Großstadt, insbesondere bei der Besiedlungsfrage. Hier muß jedoch berücksichtigt werden, daß die Fernbahnen die wirtschaftlichen und physischen Vorbedingungen der modernen Weltstadtbildung in sich schließen; sie regeln, erweitern und bedingen die Beziehungen der Weltstadt zur Außenwelt. Infolgedessen muß den Fernbahnen in dem modernen Weltstadtplan ein höherer Rang eingeräumt werden. Bei aller Wichtigkeit der örtlichen Verkehrsfrage haben daher die Anlagen für den Lokalverkehr hinter denen des Fernverkehrs zurückzustehen. Durch die Stadtschnellbahnen dürfen den Fernbahnen nicht die Wege verlegt werden, die in absehbarer Zeit für deren Erweiterung benötigt werden.

Bei den Fernbahnen handelt es sich nicht um den Personenverkehr, sondern auch um den viel wichtigeren Güterverkehr. Die Daseinsmöglichkeit der Millionen in der Weltstadt wird erst geschaffen durch den Waren- und Güteraustausch, d. h. durch das Vorhandensein der für den Austausch notwendigen Verkehrsmittel. Um aber eine glatte Verkehrsregelung für diesen gewaltigen Austausch, soweit er auf die Eisenbahn angewiesen ist, zu erzielen, muß der Personenverkehr vom Güterverkehr scharf getrennt werden. Diese unumstößliche Tatsache gewinnt für Hamburg eine um so größere Bedeutung, als den Eisenbahnen hier ganz besondere Aufgaben gestellt werden, die aus Hamburgs gewaltigem Hafenverkehr entspringen. Die zweckmäßigste Anordnung zwischen Hafenanlagen und Eisenbahnanlagen, und hier wieder zwischen Güter- und Personenverkehrsanlagen, ist daher für die Hamburger Weltstadtbildung Grundbedingung.

Bei den gegenseitigen Beziehungen zwischen Eisenbahn- und Hafenanlagen ist aber wiederum die Frage zu erörtern, in wie weit sich die einzelnen Anlagen dieser beiden Verkehrsarten gegenseitig unterordnen müssen. Diese Frage kann dahin beantwortet werden, daß zuerst für die Anlagen gesorgt werden muß, die die schwerfälligeren sind und den größten Raum beanspruchen. dann erst die weniger schwerfälligen, also die beweglichen, zu berücksichtigen sind. Zu den ersteren gehören die Hafenanlagen, zu den letzteren die Eisenbahnanlagen. Erst nach diesen Überlegungen ist man in der Lage die notwendigen Forderungen für die moderne Weltstadtbesiedlungsfrage aufzustellen, die für Hamburg mehr denn je in den Vordergrund des Interesses treten muß.

Die weitere Entwicklung Hamburgs hängt somit in ihrer Grundbedingung von der Lösung der Verkehrsfrage und von der Bereitstellung der Geländeflächen ab, die für die Verkehrsanlagen benötigt werden.

B. Die Lösung der Verkehrsfrage Groß-Hamburgs.

1. Die Hafenanlagen.

Nach den vorhergehenden Darlegungen ist es in erster Linie von größter Wichtigkeit, Klarheit über die Frage zu schaffen, nach welchem Gesichtspunkt die Hafenanlagen dem künftigen Weltstadtverkehr entsprechend zu erweitern sind. Für die Entscheidung dieser Frage ist zunächst die bisherige Entwicklung des Hamburger Seeverkehrs, aber auch der jetzige Verkehrsumfang von Bedeutung. Es zeigt sich, daß Hamburgs Hafenverkehr seit dem Jahre 1895 eine fast gleichmäßig aufsteigende Entwicklung aufzuweisen hat; es wuchs jährlich die Zahl der angekommenen Schiffe um durchschnittlich 477=5,1 %, der Nutzraum der angekommenen Schiffe um durchschnittlich 427 400 Registertonnen=7,0 %, das Gewicht der gesamten Einfuhr um durchschnittlich 611.820 Registertonnen=10,2 %, der Wert der gesamten Einfuhr um 180 Millionen Mark=10,9 %, der Wert der Ausfuhr um 136,5 Millionen Mark=10,5 %. Auf Grund dieses jährlichen Wachstums kamen im Jahre 1912 im Hamburger Hafen rund 17 500 Schiffe mit einem Nutzraum von rund 13 648 000 Registertonnen an. Die Einfuhr betrug rund 16 648 000 t, die Ausfuhr 8 111 000 t, die für die Einfuhr einen Wert von rund 4,607 Milliarden, für die Ausfuhr einen Wert von 3,631 Milliarden Mark darstellte. Diese Zahlen werden in Europa nur noch von London übertroffen.

Um ein noch klareres Bild von der Entwicklung des Handels und Verkehrs der Weltstadt Hamburg als Seehafen zu erhalten, sei ein Vergleich mit den beiden Nebenbuhlern auf dem europäischen Festlande, Antwerpen und Rotterdam, am Platze.

In der nachfolgenden Zahlentafel sind die Ergebnisse des angekommenen Seeverkehrs der drei Seestädte zusammengestellt.

Hafen	1911		1910		Mehr	
	Schiffe	Netto-Reg.-Tonnen	Schiffe	Netto-Reg.-Tonnen	Tonnen	%
Hamburg	17 965	13 176 000	17 358	12 656 281	519 719	4,1
Antwerpen	6 896	12 015 874	6 770	11 390 653	625 221	5,5
Rotterdam	9 496	11 194 051	8 138	10 836 643	357 408	3,3

Hieraus geht zunächst hervor, daß Hamburg auch im Vergleich zu den übrigen großen Welthäfen seinen Rang an zweiter Stelle hinter London behauptet. Der englische Hafen ist allerdings mit über 18,5 Millionen Registertonnen Ankunft um gute 5 Millionen Tonnen voraus, aber es ist zu bedenken, daß darin etwa 7 Millionen Registertonnen Küstenverkehr der britischen Inseln einbegriffen ist, während die Ankunft aus allen übrigen deutschen Häfen in der Hamburger Tonnenzahl nur 1 346 000 Netto-Reg.-Tonnen ausmacht. Als Überseehafen im eigentlichen Sinne steht Hamburg sogar vor London und etwa auf gleicher Höhe mit New York.

Jedoch ist aus obiger Zahlentafel auch zu ersehen, daß der Hamburger Hafen in der Tonnenzahl nur um etwa eine Million seinem nächsten Nachbar Antwerpen und um 2 Millionen dem viel gefährlicheren Rotterdam voraus ist. Rotterdam zeigt nämlich in dem verflossenen Jahrfünft einen geradezu erstaunlichen Aufschwung, sowohl in seinem Schiffsverkehr als auch in der Erweiterung seiner Hafenanlagen; es hat nur im letzten Jahre eine geringere prozentuale Zunahme zu verzeichnen, sonst würde es seinen Nachbarhafen Antwerpen bereits überflügelt haben. Bei diesem Vergleich ist aber zu berücksichtigen, daß für Antwerpen und Rotterdam der Rhein mit seinen großen Rheinhäfen und deren hochentwickeltes industrielles Hinterland der gewaltige Zubringer ist. Noch wichtiger ist die Bevorzugung, die beide Häfen, namentlich Antwerpen, durch ihre Regierungen genießen. Die Verkehrsgestaltung Antwerpens wird von ganz Belgien getragen, die gesamten Eisenbahntarife waren zu Gunsten Antwerpens aufgebaut. Solche Bevorzugungen hat Hamburg kaum genossen, seine Verkehrsgröße als Seehandelsplatz stützt sich im wesentlichen auf natürliche Bedingungen.

Schließlich hängt der Wert eines Seehandelsplatzes auch nicht ausschließlich von der Zahl und dem Tonnengehalt der dort verkehrenden Schiffe ab, sondern auch von der Tonnenzahl der eigenen d. h. am Handelsplatz beheimateten Schiffe. So haben die beiden westeuropäischen Großhäfen lange nicht so viel Verkehr an heimischen Schiffen zu verzeichnen als Hamburg. Ziffernmäßig läßt sich dies an dem Umfang der Eigenredereien der drei Seehäfen folgendermaßen darstellen:

Eigenreederei	Hamburg	2 527 176	Br.-Reg.-Tonnen
	Antwerpen etwa	200 000	„ „ „
	Rotterdam	1 084 729	„ „ „

Diese Zahlen kennzeichnen die bisherige **Bedeutung Hamburgs als Schiffahrtsplatz** ohne weiteres; der Hamburger Seeverkehr war schon im Jahre 1912 fast 40 mal so groß wie der gesamte Ostseeverkehr. Dieses Ergebnis ist letzten Endes in der Tatsache zu suchen, daß deutsche Kraft und hanseatischer Geist verstanden haben, sich immermehr von dem Zwischenhandel, in erster Linie von dem allbeherrschenden englischen Zwischenhandel, zu befreien. Während im Jahre 1866 noch 55 % Schiffsraum der englischen Flagge, 32 % der deutschen und 13 % den Flaggen aller anderen schiffahrtführenden Staaten am Hamburger Seeverkehr zufiel, war das Verhältnis bei Kriegsausbruch gerade umgekehrt; da fielen auf England nur 29 % Schiffsraum, auf Deutschland aber 58 % des Hamburger Seeverkehrs. Durch den Krieg ist nun leider die Tonnenzahl der deutschen Handelsflotte, die beim Ausbruch rund 5 200 000 t betrug, bedeutend herabgemindert worden. Der verminderte Frachtraum bedeutet allerdings zunächst einen Stillstand der Verkehrsentwicklung des Hamburger Hafens gegenüber der Entwicklung kurz vor Ausbruch des Krieges.

Für ein Wachstum des Hamburger Hafenverkehrs sprechen folgende Tatsachen. Die Elbe ermöglicht nicht immer oberhalb Lauenburg einen dauernden Schiffahrtsbetrieb, sehr häufig können nur Teilladungen befördert werden. Das Fahrwasser der Elbe ist im Vergleich zu dem des Rheines völlig unzureichend. Seine Richtschnur ist noch die überlebte Additionalacte zur Elbschiffahrtsacte vom Jahre 1842. Das Reichswassergesetz vom 24. Dezember 1911 sieht zwar eine Vertiefung der Elbe vor, macht diese aber von der Erhebung von Schiffahrtsabgaben abhängig, die wiederum die Zustimmung Österreichs zur Voraussetzung haben. Die Verbesserung des mittleren Niedrigwassers der Elbe ist aber eine unumgängliche Notwendigkeit; hat doch das mittlere Niedrigwasser schon bei Magdeburg nur eine Tiefe von 1,25 m, während alle neueren künstlichen Kanäle mit einer mittleren Wassertiefe von 2,50 m gebaut werden. In erster Linie muß also die Fahrrinne der Elbe eine grundlegende Regelung zur Hebung der Schiffahrt, unter Umständen durch Verzicht auf die vorgesehenen gesetzlichen Abgaben, erfahren. Bei der Erörterung dieser Frage ist in eine genaue Prüfung darüber einzutreten, ob der Eingriff in die Elbschiffahrtsrinne durch eine Regulierung oder Kanalisierung oder durch Anwendung beider Ausführungsarten in den verschiedenen Flußstrecken zu erfolgen hat. Diese Erkenntnis ist auch schon an maßgebender Stelle dadurch zum Ausdruck gebracht worden, daß der Minister der öffentlichen Arbeiten die Regelung der Elbschiffahrtsrinne als eines der notwendigsten Erfordernisse für das weitere Emporblühen der Elbschiffahrt und des deutschen Handels anerkannt und deren Verwirklichung in sichere Aussicht gestellt hat.

Die Bedeutung Hamburgs wird noch weiter gehoben durch den Ausbau der künstlichen Wasserstraßen; denn in einem nach großen Gesichtspunkten ausgebauten Wasserstraßennetz liegt ein Hauptstützpunkt unseres weiteren Wirtschaftsaufbaues und Wirtschaftsgedeihens. Ein Blick auf die geographische Karte zeigt, daß in Norddeutschland zwischen den westlichen Stromgebieten des Rheins, der Ems und der Weser einerseits und den östlichen Stromgebieten der Elbe, Oder, Weichsel und Memel andererseits keine Wasserstraßenverbindung besteht. Diese Verbindung, das Schlußstück des Mittellandkanals zwischen Hannover und Magdeburg soll sofort nach Friedensschluß gebaut werden. Der geplante Ausbau des Mittellandkanals von Hannover bis Magdeburg, ganz gleichgültig, ob die Südlinie oder die Nordlinie, oder endlich die von Professor Franzius geplante Mittellinie gebaut wird, muß einen nachhaltigen Einfluß auf den Hamburger Hafen ausüben. Die von den Vertretern der Südlinie des Mittellandkanals geforderte Verbindung von Oschersleben durch das hochwertige Industriegebiet von Staßfurt nach Bernburg mit dem Anschluß an die Saale, die Kanalisierung der Saale von Bernburg nach Merseburg und im Anschluß hieran die Durchführung des Leipzig-Elster-Saale-Kanals, kurz die Erschließung Mitteldeutschlands durch Wasserstraßen, würde die Bedeutung des Hamburger Hafens gewaltig heben.

Hierzu tritt noch ein weiterer Umstand. Schon längst wurde erkannt, daß, abgesehen von dem ganz unzulänglichen Ludwigskanal zwischen Main und Donau, kein Übergang der Schiffahrt von den norddeutschen Strömen zu der großen west-östlichen Wasserstraße im Süden des Reiches und in Österreich-Ungarn, der Donau, möglich ist. Das österreichische Wasserstraßengesetz von 1901 trägt dem Gedanken, diese Verbindung herzustellen, dadurch Rechnung, daß ein Oder-Donau-Kanal von Wien nach Oderberg, ein von diesem bei Prerau abzweigender nach Pardubitz an der Elbe führender Kanal und ein Moldau-Donau-Kanal gebaut, sowie die Kanalisierung der Moldau durchgeführt werden soll. Da mit der Durchführung der Verbindung der Elbe und der Oder mit der Donau bestimmt gerechnet werden kann, wenn auch mit namhafter Geldunterstützung des Deutschen Reiches — ist doch der Ausbau der Elbe bei Pardubitz bereits in Angriff genommen — so wird Hamburg eine direkte Wasserstraßenverbindung mit dem Schwarzen Meer erhalten. Diese zukünftige mitteleuropäische von Hamburg ausgehende Binnenwasserstraße ist nun keineswegs dem Seeweg vom Schwarzen Meere nach den Nordseehäfen überlegen, sie wird auch die bisher zur See abgefertigten Transporte ohne weiteres nicht an sich ziehen, aber durch die neue Wasserstraßenverbindung wird das Hinterland der westeuropäischen Seehäfen bedeutend erweitert werden. Erschließt doch der Elbe-Oder-Donau-Kanal die Verbindung des Südostens mit dem schlesischen und sächsischen Industriegebiet; diese liegen näher als das rheinisch-westfälische; er erschließt ferner die gewaltigen mährisch-galizischen Kohlenlager Österreichs und wird dadurch der Elbe ein reicher Zubringer werden, andererseits wird er der Donau die fehlenden Talfrachten sichern.

Bedeutungsvoll für Hamburg würde noch die Verwirklichung einer direkten künstlichen Wasserstraßenverbindung mit dem industriellen Westen und dem Rhein. Geplant ist vorläufig der Ausbau des sogenannten Nord-Süd-Kanals. Dieser soll als Verlängerung des zu erweiternden Elbe-Trave-Kanals von der Elbe die Ilmenau aufwärts über Lüneburg-Ülzen in der Richtung nach Braunschweig führen und bei Leiferde-Gifhorn in die Nordlinie des Mittellandkanals münden. Der Anschluß des Nord-Süd-Kanals läßt sich aber ebenso leicht an die geplante Mittellinie und an die Südlinie des Mittellandkanals durchführen. Ob der Plan eines Nord-Süd-Kanals einmal Verwirklichung finden wird, soll dahin gestellt bleiben. Sucht Hamburg eine direkte Verbindung mit dem industriereichen Westen, vor allem mit dem Rhein und dem westdeutschen Kanalnetz, so dürfte eine von Hamburg nach Verden mit Anschluß an die Weser und somit an den Ems-Weser-Kanal geplante Linienführung wohl in erster Linie in Betracht kommen (Bramscher Kanal). In Verbindung mit der früher geplanten und auch jetzt wieder in den Kreis der Erörterung gezogenen südlichen Linienführung des Mittellandkanals von Dortmund über Hamm-Bielefeld-Minden würde Hamburg eine direkte und kürzeste Verbindung mit dem rheinisch-westfälischen Industriegebiet erhalten.

Ferner ist für einen weiteren Aufschwung Hamburgs die Tatsache nicht zu unterschätzen, daß ein einheitlicher Ausbau des gesamten ostelbischen Kanalnetzes für das Einheitsfahrzeug von 600 t[1]) geplant ist und durchgeführt werden soll.

Nach Hamburg leitet also fast der größte Teil des im Ausbau befindlichen und noch auszubauenden mitteleuropäischen Kanalnetzes, weil eben der Anschluß, den Hamburg an alle überseeischen Märkte bietet, für das mitteleuropäische Hinterland von tiefgehendster volkswirtschaftlicher Bedeutung ist.

Der Einfluß, den der Bau neuer Wasserstraßen auf den Hamburger Seeverkehr ausübt, muß in der Größe der Hafenanlagen Hamburgs seinen Ausdruck finden, da der Umschlagsverkehr sich hier vollziehen muß. Der künftige Umschlagsverkehr wird daher ein Vielfaches des jetzigen Umschlagsverkehrs ausmachen.

Hierzu kommt noch, daß Hamburg sich immer mehr zur In-

[1]) Neuerdings schlägt Ministerial-Direktor Sympher den Ausbau für 1000 t Kähne vor.

dustriestadt entwickelt. Diese Tatsache kommt schon in der Statistik zum Ausdruck. Während im Jahre 1888 nur 867 Gewerbebetriebe mit nur 24 915 Arbeitern vorhanden waren, stieg die Zahl im Jahre 1900 auf 1392 Betriebe mit 45 952 Arbeitern und im Jahre 1913 auf 6 715 Betriebe mit 109 203 Arbeitern. Waren im Jahre 1910 von der erwerbenden Hamburger Wohnbevölkerung 41,53 % im Handel- und Verkehrswesen tätig, so fanden 38,33 % der Bevölkerung ihre Beschäftigung in Gewerbe und Industrie. In Altona sind die Verhältniszahlen sogar umgekehrt, denn hier sind von der erwerbenden Wohnbevölkerung nur 29,3 % im Handel- und Verkehrswesen tätig, während 43,32 % in Gewerbe und Industrie beschäftigt sind. In Wilhelmsburg sind die Verhältniszahlen für die in Gewerbe und Industrie Beschäftigten noch höher, nämlich 48,3 %. Der Schwerpunkt der Hamburger Industrie liegt im Schiffsbau und in den mit diesen im engsten Zusammenhang stehenden Industrien. So alt wie Hamburgs Handel ist, ist auch Hamburgs Schiffsbauindustrie. Diese Entwicklung ist wirtschaftlich berechtigt und begründet. Im Jahre 1913 waren von den in der Industrie beschäftigten 109 203 Arbeitern 21 800 Arbeiter =rund 20 % vornehmlich auf den Schiffswerften im Hafen tätig. Fertiggestellt wurden auf den dortigen verschiedenen Werften im Jahre 1913 außer einem großen Kreuzer, der Turbinen-Schnelldampfer „Imperator", ein Passagier- und Frachtdampfer, ein Motorfrachtschiff und 107 kleine Dampfer und Leichter von zusammen etwa 87 000 Brutto-Registertonnen, während noch 165 Handelsschiffsbauten von insgesamt 257 000 Brutto - Register-Tonnen außer den von der Kaiserlichen Marine in Auftrag gegebenen großen Neubauten in Arbeit waren. Die Zahlen zeigen daß die Hamburger Schiffsbauindustrie schon vor Ausbruch des Krieges den ersten Rang eingenommen hat. Die Behebung der Frachtraumnot, — eine Folgeerscheinung des Krieges — erheischt aber gewaltige Anstrengungen, denen die vorhandenen Werften nicht gewachsen sind. Neue Anlagen müssen entstehen. Deutschlands Schwerindustrie sucht bereits die Verbindung mit dem Hamburger Kaufmann; denn schon planen die Firmen Thyßen, Stinnes, die Siemens-Schuckertwerke, die Allgemeine Elektrizitäts-Gesellschaft, Berlin u. a. den Bau umfangreicher Werften im Hamburger Hafen, um die kommenden Bedürfnisse an Frachtraum zu befriedigen. Der Schiffsbau und die mit diesem im engsten Zusammenhang stehende Industrie werden einen neuen Aufschwung erleben, und ein Mehrfaches von obigem Umfang annehmen. Für diese Industrie muß aber Hamburg die entsprechenden Geländeflächen im Hafen bereit stellen, wenn sie sich nicht an anderwärts günstig gelegenen Orten entwickeln soll.

Hamburg muß aber auch erkennen, daß sein Dasein sich auf seinen gewaltigen Umschlagsverkehr allein nicht mehr stützen kann. So wichtig auch der Umschlagsverkehr für eine Stadt sein mag und schließlich große Summen einbringt, mindestens ebenso wichtig ist die Eigenerzeugung eines Ortes am Wasser. Dort bleiben nur die Umschlagegebühren, hier aber auch noch die Herstellungsgewinne und die Handelsgewinne außerdem. Ein Seehafen liegt besonders günstig für die nach Übersee zu verfrachtenden Industrieerzeugnisse, deren Rohmaterialien ebenfalls von Übersee herangeschafft werden müssen; die ganze unproduktive Fracht von und nach dem Binnenlande wird hier erspart. Jeder Pfennig, der für diese unproduktive Fracht aufgewendet werden muß, vermindert die Entfernung, auf welche die Güter über See verfrachtet werden können, vermindert die Zahl der Abnehmer, deren Kundschaft die Kaufmannschaft am Seehandelsplatz erobern kann. Dieser Veredelungsindustrie muß Hamburg dadurch Vorschub leisten, daß ihr im Hafen ebenfalls ausgedehnte Geländeflächen zur Ansiedlung und Entwicklung vorbehalten bleiben.

Hamburg hat nun seine Hafenanlagen der gewaltigen Verkehrssteigerung entsprechend, namentlich in den letzten Jahren — seit 1908 — bedeutend erweitert. Während im Jahre 1880 die Hafenflächen nur 19,7 ha betrugen, waren sie im Jahre 1902 bereits auf 75,8 ha vergrößert worden; am 1. April 1914 betrug die Hafenfläche 811,7 ha, wovon 441,7 ha auf die Häfen mit Seeschifftiefen, 370,0 ha auf die Häfen mit Flußschifftiefen entfallen. In diesen Zahlen sind nicht enthalten die Flächen der Kanäle, Seitenarme, Hafenzugänge und der freien Elbe, die insgesamt rd. 646 ha betragen. Die letzte Erweiterung erstreckte sich auf die zwischen Köhlbrand und Köhlfleet belegene Hamburger Insel Waltershof, auf die hamburgischen Teile von Finkenwärder und auf den von der preußischen Gemeinde Wilhelmsburg an Hamburg durch den Köhlbrandvertrag vom November 1908 abgetretenen Teil von Neuhof. Diese Erweiterung des Handelshafens, die zum Teil schon fertiggestellt, teils in ihrer Ausführung durch den Krieg unterbrochen wurde, ist ihrem Wesen nach schon Industriehafen. Mit diesen Erweiterungen ist nun aber auch das dem Hamburger Staat für den Ausbau seiner Seehäfen zur Verfügung stehende Gelände belegt. Eine weitere Ausdehnungsmöglichkeit ist ohne die Inanspruchnahme preußischen Geländes kaum noch möglich. Das oberhalb der Elbbrücken beiderseits der Elbe belegene Gelände kommt für den Ausbau der Seehäfen nicht in Frage, weil die Elbbrücken die Durchfahrt der Seeschiffe nicht gestatten. Auch das rechtselbische Gelände unterhalb Altona scheidet für die Anlage von Seehäfen aus, weil hier das Geestgebiet steil nach der Elbe zu abfällt.

Wenn schon jetzt bei der Erweiterung Wilhelmsburger Gelände nicht zu entbehren war, so wird bei künftigen Erweiterungen Wilhelmsburg nicht mehr ausgeschaltet werden können, namentlich nicht das Gelände Neuhof und hohe Schaar. Die für die vielfache Verkehrssteigerung notwendigen Anlagen werden sich also nicht nur westlich, sondern auch südlich des jetzigen Hafens erstrecken müssen. Wilhelmsburg ist berufen, einen nicht unerheblichen Teil des Hamburger Hafenverkehrs aufzunehmen, dank seiner geographischen Lage, seiner günstigen Vorbedingungen als Ausfalltor für Hamburgs mächtiges Hinterland und seiner Wechselbeziehungen zwischen Hamburg und Harburg. Die Frage, ob es zweckmäßig ist, die Flußschiffhäfen auf Hamburger Gebiet vor den Elbbrücken auf die Tiefe der Seeschiffhäfen zu bringen, um sie dem Seeverkehr zugängig zu machen und auf Wilhelmsburger Gebiet hauptsächlich die Flußschiffhäfen zu verlegen, oder die Flußschiffhäfen auf Hamburger Gebiet zu belassen und auf Wilhelmsburger Gebiet auch Seeschiffhäfen anzulegen sind, bedarf einer besonderen Prüfung; sie ist nicht ohne weiteres eine Kostenfrage, denn das Wilhelmsburger Gelände ist, wie noch nachgewiesen wird, auch noch zukunftswichtiges Industriegelände.

Ein nicht ganz unwesentlicher Teil des Hafenumschlagsverkehrs wird auch auf Harburg entfallen; hier ist schon durch Herstellung von drei Hafenbecken Vorsorge für den Umschlagsverkehr nach der Oberelbe und der See getroffen.

Es kann natürlich noch nicht errechnet werden, wie groß unter den jetzigen Verhältnissen später der Anteil der Städte Wilhelmsburg und Harburg am Hamburger Welthafenverkehr sein wird, auch nicht unter Zugrundelegung des heutigen Verkehrs; er richtet sich zwar nicht einzig und allein nach der Stellungnahme, die Hamburg bei der Lösung des Weltstadtproblems einnimmt, sondern auch nach der kommunalen Einsicht der beiden Gemeinden und ihrer mehr oder minder energischen Führung, ihrer Umsicht und ihrem Erfassen des Weltstadtproblems.

In unmittelbarem Znsammenhang mit der Lösung dieser wichtigsten aller Fragen steht der Ausbau der an die Häfen anschließenden örtlichen Wasserstraßen und Kanäle im Interesse der Weiterentwicklung des Handels und der Industrie, denn aller Weltverkehr übt auf den Ortsverkehr seinen unverkennbaren Einfluß aus. Der Ausbau der lokalen Wasserstraßen muß festgelegt werden, sei es, daß die vorhandenen Wasserstraßen ausgebaut, sei es, daß neue geschaffen werden müssen. In Frage kommen hierbei der weitere Ausbau der Alster und der Bille mit ihren schon vorhandenen und noch erforderlichen Stichkanälen, ferner die Anlage neuer Kanäle auf einem Teile des Billwärder-,

Finkenwärder- und Altenwärdergeländes. Von Wichtigkeit ist es aber im besonderen Maße, die natürlichen Wasserstraßen in der Gemeinde Wilhelmsburg zu regulieren und hier auch die künftigen Kanäle in den richtigen Abmessungen herzustellen; dies hat aber nicht für ein Vielfaches des Wilhelmsburger Verkehrs, sondern unter Würdigung des Hamburger Verkehrs zu geschehen.

Alle diese wasserbautechnischen Fragen, die so innig und unlösbar mit den Wirtschaftsfragen der Weltstadt Hamburg zusammenhängen, müssen zunächst grundlegend gelöst sein, wenn Hamburg nicht Gefahr laufen will, in ferneren Zeiten seine Bedeutung als Weltstadt zu beeinträchtigen.

2. Die Eisenbahnanlagen.

Sofort taucht auch die weitere vorsorgliche Frage auf, wie die Anlagen für den Eisenbahngüterverkehr Hamburgs zweckmäßig unter Berücksichtigung der heutigen Güterbahnhöfe, der neuen Häfen und der künftigen Wasserstraßen zu gestalten sind, ferner, wie die Verbindungen der Eisenbahnanlagen (Verschiebebahnhöfe) mit den Hafenanlagen angeordnet werden müssen.

Ein Bild gewinnen wir, wenn wir uns über den bisherigen Verkehrsumfang und die bisherige Verkehrssteigerung Klarheit verschaffen. Hieraus können Schlüsse auf die notwendigen Erweiterungen und Neuanlagen gezogen werden. Die nachstehenden Zahlen, die Umfang und Steigerung des Verkehrs darstellen, geben einige Anhaltspunkte.

Empfang und Versand auf der preußischen Staatsbahn.

	Stückgut und Eilgut		Wagenladungen	
	1890	1912	1890	1912
Hamburger Bahnhöfe	276 000 t	782 402 t	1 964 265 t	7 183 732 t
Altonaer Bahnhof	81 892 t	229 602 t	405 200 t	1 392 922 t
Zusammen	357 992 t	1012004 t	2 369 465 t	8 576 654 t
Zunahme	184 %		262 %	

Empfang und Versand auf der Lübek-Büchener Eisenbahn.

	Stückgut und Eilgut		Wagenladegut	
	1890	1911	1890	1911
	46 379 t	49 328 t	246 089 t	292 053 t
Gesamtzunahme ..	6,5 %		18,7 %	

Empfang und Versand auf der Kaltenkirchener Eisenbahn.

	Stückgut		Wagenladegut	
	1891 7 198 t	1911 28 328 t	1891 27 418 t	1911 164 800 t
Gesamtzunahme ..	292 %		500 %	

Während die Zunahme des Eil- und Frachtgutverkehrs der Lübeck-Büchener-Eisenbahn sich in bescheidenen Grenzen hält, weist der entsprechende Verkehr der preußischen Staatsbahn und der Altona-Kaltenkirchener-Eisenbahn eine Zunahme von 184 % und 262 % und von 292 % und 500 % auf. Diese Zunahme ist eine gewaltige und beträgt jährlich rund 12 %. Der gesamte Güterverkehr wird auf den drei Verschubbahnhöfen Rothenburgsort, Langenfelde und Wilhelmsburg geregelt, von denen die beiden letzteren auf preußischem Gebiet liegen. Entsprechend der Zunahme der Tonnenzahl hat sich auch die Zahl der auf den Verschiebebahnhöfen abgefertigten Züge vermehrt; sie betrug im Jahre 1890 43 198 oder täglich 120 Züge, 1912 168 214 oder täglich 467 Züge, im Durchschnitt mithin eine Zunahme von 290 % oder 13,2 % jährlich. Im Jahre 1906 war die Gesamtzahl der ankommenden Güterwagenachsen 4 380 000 gegen 6 220 000 Achsen im Jahre 1912, d. h. in 6 Jahren eine Zunahme von rund 42 %. Im Jahre 1912 liefen ein: in Rothenburgsort 1 650 000 Achsen, in Langenfelde 1 670 000 Achsen, in Wilhelmsburg 2 900 000 Achsen.

Schon heute genügen die drei Bahnhöfe nicht mehr für die Bewältigung des Verkehrs. Infolge Raummangels können diese Anlagen kaum noch erweitert werden, und dennoch weisen die Zahlen der Verkehrszunahme auf die berechtigte Forderung hin, bei der Gestaltung Groß-Hamburgs für diese Verkehrsentwicklung Anlagen zu schaffen, für deren Abmessungen ein Mehrfaches des heutigen Verkehrs zu Grunde zu legen ist. Ist aber die Erweiterung infolge Raummangels nicht möglich, dann müssen die Verschiebebahnhöfe verlegt werden; die richtige Wahl der Lage der neuen Anlagen ist aber von größter Wichtigkeit. Für den Bahnhof Langenfelde ist der Bahnhof Eidelstedt, für Rothenburgsort der Bahnhof Billwärder geplant, während der Bahnhof Wilhelmsburg an der jetzigen Stelle belassen werden soll. Dieser Bahnhof erheischt aber in Zukunft ebenfalls eine Ergänzung, und zwar auf Harburger Gebiet am Schnittpunkt der Linien Bremen-Harburg und Hannover-Harburg; denn dem jetzigen Verschiebebahnhof Wilhelmsburg wird künftighin eine erhöhte Bedeutung zufallen, da seine alleinige Aufgabe später nur darin bestehen wird, Zustellungsbahnhof einerseits für die mächtig emporstrebende Wilhelmsburger Industrie, andererseits für den erweiterten Hafenverkehr zu werden, der, wie gesagt, sich auch auf Wilhelmsburger Gebiet ausdehnen muß. Hierdurch erhält der Bahnhof Wilhelmsburg eine klare Zweckbestimmung.

Die Verlegung der Verschiebebahnhöfe an den äußeren Umkreis Groß-Hamburgs ist aber auch noch aus einem anderen wichtigeren Grunde erforderlich. Die gesamten Hamburger Eisenbahnanlagen leiden an dem Mangel, daß der Güterverkehr zur Zeit noch in sehr innigem Zusammenhang mit dem Personenverkehr steht. Die vollständige Trennung des Personenverkehrs von dem Güterverkehr ist die Forderung, die gestellt werden muß. Die Verbindungsbahn Hamburg-H.-B.-Altona, die jetzt auch dem Güterverkehr dient, ist überlastet, sie muß von jeglichem Güterverkehr befreit werden. Eine solche Entlastung würde auch für die weitere Entwicklung des Personenverkehrs von Bedeutung sein.

Die Trennung des Güterverkehrs vom Personenverkehr führt zu dem Bau von Güterumgehungsbahnen; sie sind schon deshalb notwendig, um nicht die Gleise der Personenbahnhöfe mit dem Durchgangsgut, das für Hamburg überhaupt nich' in Frage kommt, zu belasten. Die Anlage einer westlichen Umgehungsbahn kommt schon mit Rücksicht auf die ganze Grundrißgestaltung Hamburgs und den Seeverkehr nicht in Frage, da dieser durch den Bau einer Elbbrücke unterhalb Hamburgs nicht unterbunden werden darf. Die Umgehungsbahnen können nur nördlich, östlich oder südlich der Stadt in Frage kommen. Die Einführung dieser Bahnen in die jetzigen Verschiebebahnhöfe bereitet aber große Schwierigkeiten, da die Bebauung in der Nähe dieser Bahnhöfe schon zu weit vorgeschritten ist. Von dem geplanten Bahnhof Eidelstedt ist bereits eine nördliche Umgehungsbahn nach dem Ortsgüterbahnhof Barmbeck vorgesehen. Auch ist eine südliche Umgehungsbahn vom Bahnhof Wilhelmsburg nach dem geplanten Bahnhof Billwärder in Aussicht genommen; von diesem Bahnhof ist eine Verbindung mit der bereits bestehenden Güterumgehungsbahn Rothenburgsort-Güterbahnhof Barmbeck vorgesehen, so daß die nördlichen und südlichen Umgehungsbahnen im Osten miteinander verbunden sind. Bezüglich der südlichen Umgehungsbahn ist auch ohne Zugrundelegung des Gedankens der Ergänzung des Wilhelmsburger Bahnhofs auf Harburger Gebiet die Frage zu erörtern, ob es nicht zweckmäßig ist, die geplante Abzweigung, die aus den Hauptgleisen nördlich der Elbbrücke vorgesehen ist, südlich dieser zu planen und zwar mit einer Elbüberschreitung kurz vor der Gabelung der Norder- und Süderelbe; durch diese Maßnahme würde das Wilhelmsburger Gebiet, das durch die bereits geplante Umgehungsbahn unvorteilhaft durchschnitten wird, für andere Zwecke industrieller Art verwendbar. Der Verlegung der südlichen Umgehungsbahn auf das Harburger Gebiet kommt aber ferner noch der Umstand zustatten, daß sowohl die jetzige Elbbrücke, als auch der Hauptbahnhof Harburg von einer Anzahl Güterzüge entlastet werden, die nur Durchgangsgüterzüge sind.

Den Verbindungen der Eisenbahnanlagen mit den Hafenanlagen muß besondere Aufmerksamkeit geschenkt werden, nicht allein aus Betriebsrücksichten, sondern um die Flächen, die zur Herstellung dieser Anlagen dienen, nicht vorzeitig anderen Zwecken zu überlassen. Eingehend muß zunächst untersucht werden, wie weit die jetzigen Anlagen, sei es im Zollinlande, sei es im Zollauslande, noch in der Lage sind, den Übergangsverkehr von Schiff zur Eisenbahn und umgekehrt zu bewältigen, und ob nicht auch hier — und das ist höchst wahrscheinlich — schon jetzt durchgreifende Änderungen erforderlich sind. Die Tatsache, daß schon heute bisweilen tagelang die Wagen auf Entladung und Beladung warten müssen, zeugt davon, daß beide Anlagen, Hafen und Eisenbahn, in ihrer gegenseitigen Leistungsfähigkeit nicht vollständig aufeinander abgestimmt sind. Die Wechselbeziehungen zwischen Kahn und Bahn müssen auf das sorgfältigste untersucht und geklärt werden; eine besondere Beachtung und strenge Durchbildung verdient der Umschlagsverkehr von den Eisenbahnen einerseits in Seeschiffe und andererseits in Flußfahrzeuge. Hierzu kommt, daß durchgreifende Änderungen auf zweckmäßige Ausgestaltung der Verbindungen der Hafengleise mit dem Bahnhof Wilhelmsburg erforderlich werden. Die westlich vom Köhlbrand geplanten neuen Hafenanlagen können vom Bahnhof Wilhelmsburg nicht mehr bedient werden, sondern nur noch von der Bahnstrecke Harburg-Cuxhaven, für welche Zwecke ein besonderer Zustellungsbahnhof geschaffen werden muß. Zweckmäßig ist es, diesen Zustellungsbahnhof mit dem Ergänzungsbahnhof südlich Harburg unter Umgehung des Hauptbahnhofs Harburg durch ein besonderes Gleispaar zu verbinden.

Im engsten Anschluß an die bisherigen verkehrstechnischen Erwägungen muß die Bereitstellung des Geländes für die sonstige Hamburger Industrieentwicklung erfolgen, und zwar dort, wo die natürlichen Vorbedingungen vorhanden sind. Die Lösung dieser Frage ist in Hamburg stets eine der schwierigsten gewesen. Die Elbe und die Haupteisenbahnlinien durchschneiden Hamburg von Osten nach Westen in einem mittleren Abstand von 1,4 km; zwischen diesen Verkehrsadern und nördlich der Eisenbahnlinien liegen dichtbebaute Stadtteile. Die geringe Ausdehnung der Stadt in dieser Ost-West-Richtung, die etwa 5,10 km beträgt, verhindert die Entwicklung der Industrie in der Nähe der Bahnlinien; hierzu tritt noch der Umstand, daß die Strecke Harburg-Hamburg senkrecht auf dieser Verkehrsachse steht und bei ihrem Eintritt in die Stadt ebenfalls dichtbebaute Geländeteile durchfährt, die die Entwicklung der Industrie auch in jenen Stadtteilen ausschließen. Je mehr aber die Möglichkeit geboten ist, den Wasseranschluß mit dem Eisenbahnanschluß in Beziehung zu bringen, um so größere Entwicklungsmöglichkeiten sind der Hamburger Industrie gegeben.

Um den Industrien für den großstädtischen Bedarf unter diesen günstigen Vorbedingungen Raum zur Entwicklung zu schaffen, hat der Hamburger Staat in Billwärder-Moorfleth und Allermöhe eine große zusammenhängende Fläche von rd. 2000 ha — etwa die $2^1/_2$ fache Fläche des Hamburger Hafens — erworben. Diese Flächen, die sich oberhalb der Elbbrücken zwischen Elbe und der Billwärder Bucht einerseits und der Bille andererseits bis nahezu nach Bergedorf erstrecken, und über 20 Millionen Mk. kosteten, sind mit einem weiteren Betrag von 20 Millionen Mk. durch Aufhöhungsanlagen, Sielanlagen, Straßenbauten, Kanalbauten schon teilweise in baureifes Industriegelände umgewandelt worden. Das Gelände besitzt Wasseranschluß mit tieferen Wasserarmen, auf denen eine Umladung unmittelbar ins Schiff und der Verkehr dieser Schiffe ohne Durchschleusung nach dem Strom möglich ist. Die Strecke Hamburg-Berlin und die Billwärder Industriebahn führen mitten durch das Gelände hindurch; auf diesem Gelände ist auch der bereits erwähnte Verschiebebahnhof Billwärder geplant, so daß die Möglichkeit der Anlage von Anschlußgleisen gegeben ist. Dem Arbeiterverkehr dient außer der Vorortsstrecke Hamburg-Bergedorf auch die geplante Verlängerung der Hamburger Hochbahn über Rothenburgsort hinaus.

Es wäre verfehlt, die Industrie einer modernen Weltstadt an einem Punkte vereinigen zu wollen, dies ist auch garnicht möglich. Innerhalb der Stadtgrenzen wird sich ein weiteres Industriegelände für Kleinindustrie in der Nähe des Bahnhofs Barmbeck entwickeln, der sich mehr und mehr zum Verkehrsknotenpunkt entwickelt; auch hier ist Wasseranschluß, wenn auch nicht unter so günstigen Vorbedingungen wie in Billwärder, vorhanden.

Abgesehen von diesen Industriegebieten hat Hamburg durch seinen Bebauungsplan in der Stadt noch in den verschiedensten Gegenden Bezirke für Fabrikzwecke zugelassen.

Ein weiteres Industriegelände befindet sich in der an der Oberelbe belegenen Hamburgischen Enklave Geesthacht. Das Gelände ist durch einen neuerdings weiter ausgebauten Hafen, der unmittelbar mit der Elbe in Verbindung steht, erschlossen. Die in Geesthacht endigende Bergedorf-Geesthacht-Eisenbahn hat durch ein besonderes Anschlußgleis das Gelände noch weiter aufgeschlossen. Hier haben sich vornehmlich Industrien für Sprengstoffabrikation niedergelassen.

Die Stadt Altona hat von früher her ein Industriegelände in dem ehemals außerhalb der Zollgrenze liegenden Stadtteil Ottensen; dieses Industriegelände hat aber nur mittelbar vom Bahnhof Bahrenfeld aus Gleisanschluß und ist nicht erweiterungsfähig.

Wichtig für die Stadt wird daher der Verschiebebahnhof Eidelstedt und der Bahnhof Langenfelde; sie hat in vorsorglicher Weise in ihrem einheitlich aufgestellten Bebauungsplan, in Anlehnung an den Bahnhof Langenfelde ein großes einheitliches Industriegelände vorgesehen; hier ist die einzige zugleich auch ausreichende Möglichkeit, der Stadt Altona das für die Entwickelung ihrer Industrie notwendige Gelände bereit zu stellen; Altona muß in dieser Hinsicht vorsorglich tätig sein, da 43,52 % der Erwerbsbevölkerung in der Industrie ihre Beschäftigung hat. Dieses Industriegelände hat aber den Nachteil, daß es den Wasseranschluß entbehren muß; es ist nur auf den Eisenbahnanschluß angewiesen. Ferner sind auch zur Zeit noch die Straßenverbindungen mit Altona und Hamburg ziemlich minderwertig und schließlich fehlen ihm die tarifarischen Vergünstigungen des Hamburger Hafens.

Die für die Hamburger Industrie notwendigen Vorbedingungen — Wasseranschluß mit gleichzeitigem Gleisanschluß — kann aber in erhöhtem Maße Wilhelmsburg erfüllen. Diese Gemeinde ist überhaupt nach ihrer geographischen Lage berufen, in dem Wirtschaftskörper Groß-Hamburgs sich einen maßgebenden Platz nicht nur auf verkehrs- und handelstechnischem Gebiet, wie schon bewiesen, sondern auch auf industriellem Gebiet zu sichern. Umgeben im Süden von der Süderelbe, im Osten von der Norderelbe, im Norden von den Hamburger Hafenanlagen, im Westen von dem Köhlbrand, durchflossen vom Reiherstieg, durchschnitten von den beiden Staatsbahnlinien Hamburg-Harburg-Hannover und Hamburg-Harburg-Bremen und von einem bereits vorhandenen und noch zu erweiternden Kleinbahnnetz, sind ihr als vorgelagerte Elbinsel alle Entwicklungsmöglichkeiten gegeben, deren sie als emporstrebende Industriestadt bedarf. Die schnelle Entwicklung ihrer Einwohnerzahl von 8766 im Jahre 1890 auf 33013 im Jahre 1913 also mehr als 1000 Einwohner jährlich ist eine unabweisbare Folge der günstigen geographischen Lage, des Anschlusses Hamburgs an das Zollgebiet und einer zielbewußten Verwaltung. Aus der bis dahin ländlichen Gemeinde mußte sich eine Industriegemeinde entwickeln. Sie ist vorsorglich tätig gewesen in der Anlage von

Seitenkanälen; Werke von Weltruf sind hier bereits gegründet worden, wie die Plangesche Weizenmühle, die Deutschen Erdölwerke, die Norddeutsche Wollkämmerei und Kammgarnspinnerei u. m. Alle Werke von Bedeutung besitzen sowohl Bahn- als auch Wasseranschluß, ein nicht zu unterschätzender Vorzug, den Wilhelmsburg jeder industriellen Anlage zu bieten vermag. Daher ist Wilhelmsburg berufen, der natürliche Mittelpunkt für Groß-Hamburgs Großindustrie zu werden.

Im allgemeinen sind die Anlagen für den zukünftigen Eisenbahngüterverkehr — d. h. zunächst die geplanten Verschiebebahnhöfe mit den Güterumgehungsbahnen — in der Wahl der Lage zum Gesamteisenbahnnetz im Weichbild der Stadt Hamburg nicht ungünstig angeordnet. Dies ist aber nicht das Verdienst des Staates Hamburg, sondern das der preußischen Eisenbahnverwaltung. Bei der Verkehrspolitik Hamburgs ist überhaupt, wie noch bewiesen wird, zu unterscheiden zwischen der Verkehrspolitik der Preußischen Eisenbahnverwaltung und der des Hamburgischen Staates. Jene entscheidet nach allgemeinen betriebs- und verkehrstechnischen Gesichtspunkten, diese, wie wir noch bei der Anlage seines Stadtschnellbahnnetzes sehen werden, einseitig, nur nach Hamburgischen Gesichtspunkten.

Sind diese Eisenbahnanlagen nach Lage und Flächengröße festgestellt, und ferner die Geländeflächen für die Groß-Hamburger-Industrie-Entwicklung umrissen, so ist von nächster Wichtigkeit Lage und Größe der Ladebahnhöfe, die zur Dezentralisierung des Ortsverkehrs notwendig sind, festzustellen. Durch den Bau der neuen Verschiebebahnhöfe werden die jetzigen Bahnhöfe Langenfelde, Rothenburgsort und auch Wilhelmsburg — falls für diesen ein Ergänzungsbahnhof auf Harburger Gebiet, wie hier vorgeschlagen, erbaut wird — ihrer jetzigen Zweckbestimmung zum Teil entzogen. Hier werden neue große Ladebahnhöfe entstehen, da das ganze Wirtschaftsleben dieser Stadtteile auf das Vorhandensein dieser Bahnhöfe eingestellt ist und berücksichtigt werden muß. In den Außenbezirken ist noch in Langenhorn durch die Anlagen eines Gütergleises neben der Schnellbahn die Möglichkeit zur Herstellung ausreichender Ladebahnhöfe gegeben. An der Nordgrenze der Stadt soll ein weiterer Bahnhof neben dem nördlichen Güterumgehungsgleis, aber auf preußischem Gebiet, angeordnet werden. Neben der Alstertalbahn — der Verlängerung der Blankenese-Ohlsdorferbahn — ist das Gelände für ein Gütergleis frei gehalten worden, nicht aber das für einen ausreichenden Ladebahnhof. Der Ladebahnhof Barmbeck hat keine sehr große Entwicklungsfähigkeit. Im Stadtinnern ist Hamburg aber auf äußerst beschränkte Raumflächen angewiesen. Die hier vorhandenen Ladebahnhöfe, die Bahnhöfe Hamburg-Hannover, Hamburg-Berlin, Hamburg-Sternschanze sowie der Güterbahnhof der Lübeck-Büchener Eisenbahn, genügen schon heute nicht nur dem jetzigen Verkehr nicht mehr, sondern sind derart durch die Bebauung eingeengt, daß sie nicht mehr erweiterungsfähig sind. Unzureichend sind die Stadtteile westlich der Alster mit Ladebahnhöfen versehen. Sie sind ausschließlich auf den Bahnhof Sternschanze angewiesen, zu dessen Bedienung jetzt noch auf $1^1/_2$ km die Personengleise benutzt werden müssen. Die Verkehrssteigerung dieses Bahnhofs ist eine ungeahnte; während im Jahre 1890 an Wagenladegut 72.435 t auf Empfang und 9644 t auf Versand kamen, wurden im Jahre 1912 386 460 t Empfang und 107 900 t Versand abgefertigt. Nur durch Inanspruchnahme des jetzigen Geländes des Schlacht- und Viehhofes neben dem Bahnhof, ist noch eine Erweiterungsmöglichkeit gegeben. Der Schlacht- und Viehhof, der an sich als Verkehrsanlage ebenfalls schon längst zu klein ist, und kaum noch den neuzeitigen Anforderungen entspricht, müßte dann in die Außenbezirke, etwa nach Billwärder oder Langenhorn verlegt werden. Der Raummangel im Stadtinnern, und hier sind die Ladebahnhöfe nicht zu entbehren, wird schließlich zu der Frage drängen, ob für die unumgänglichen Erweiterungen der Ladebahnhöfe hier nicht der Ausbau zweigeschossiger Ladebahnhöfe, wie sie bereits in England aus ähnlichen Anlässen erbaut werden mußten, in Frage kommt. Die zweckmäßige Verteilung und richtige Auswertung der erforderlichen Größe der einzelnen Ladebahnhöfe ist somit eine äußerst schwierige Aufgabe, sie bedarf eines gründlichen Studiums, um hier für ein Mehrfaches des Verkehrs die notwendigen Anlagen herzustellen. Allgemein sehen wir aber auch hier, daß Hamburg bei der Regelung des Ortsgüterverkehrs zum großen Teil auf die Geländeflächen der preußischen Gemeinden angewiesen ist.

Erst nachdem die zu planenden Anlagen für die Abwickelung des gesamten Güterverkehrs für ein Mehrfaches des jetzigen Verkehrsumfanges in ihren Grundzügen festgelegt sind, hat sich die Weltstadt Hamburg Klarheit über die Anlagen für die Abwicklung des Personenverkehrs zu schaffen. Diese Anlagen haben in den Jahren 1898 bis 1906 eine grundlegende Umgestaltung erfahren. Der Grundgedanke der Umgestaltung der Eisenbahnanlagen war die durch die Verstaatlichung (die Lübeck-Büchener Eisenbahn ist noch nicht verstaatlicht) dringend gewordene Vereinigung aller Hamburger Bahnen und ihre Einführung in die viergleisig auszubauende Verbindungsbahn Hamburg-Altona. Das nördliche Gleispaar der Verbindungsbahn dient fast ausschließlich dem Stadtschnellbahnverkehr, während das südliche Gleispaar dem gesamten Fernverkehr mit Ausnahme der Lübeck-Büchener Eisenbahn, den Vorortsverkehr nach Hamburg, den Lokalverkehr nach Elmshorn, sowie den Güterverkehr aufzunehmen hat.

Die seit dem Umbau eingetretene Verkehrsentwicklung, die ihren Ausdruck in der alljährlich gesteigerten Zahl der auf dem Hauptbahnhof abgefertigten Züge, findet, wird durch die Gegenüberstellung des Verkehrs aus den Jahren 1902/03 und 1913/14 beleuchtet. Nach Schimpff (Hamburg und sein Ortsverkehr) wurden im Jahre 1902/03 abgefertigt:

vom Hannoverschen Bahnhof .	10	Vorortszüge u.	30	Fernzüge
vom Berliner Bahnhof	20	„ „	4	„
vom Lübecker Bahnhof	4	„ „	6	„
von Bahnhof Klostertor	3	„ „	11	,
	37	Vorortszüge u.	51	Fernzüge

mithin insgesamt 88 Züge. Die Verbindungsbahn war mit 75 Zügen belastet.

Im Jahre 1913-14 fuhren von Hamburg-Haupt-Bahnhof ab:

Nach Harburg	42	Züge
nach Büchen	23	
nach Ahrensburg	20	,
nach Elmshorn-Neumünster	16	„
	101	Züge

Die gleiche Anzahl Züge kam auch aus diesen Richtungen auf dem Hauptbahnhofe an: mithin wurden hier $101 \times 2 = 202$ Züge abgefertigt. Das südliche Gleispaar der Verbindungsbahn war mit 160 Personenzügen, und außerdem noch mit dem in den letzten Jahrzehnt in sehr erheblichem Umfange zugenommenen Güterzugsverkehr belastet. Der Stadtbahnschnellverkehr belastete den Hauptbahnhof und das nördliche Gleispaar der Verbindungsbahn mit weiteren 328 Zügen. Dieses Gleispaar ist durch die Überlastung nicht mehr in der Lage, sämtliche Züge der Strecke von und nach Aumühle, die ursprünglich über die Stadtbahngleise bis Berliner Tor geführt werden sollten, aufzunehmen. Diese Züge sind schon jetzt auf die Ferngleise angewiesen.

Die Verkehrszunahme wird mit dem Anwachsen der Stadt von Jahr zu Jahr größer, so daß der Hauptbahnhof als Verkehrsmittelpunkt schon jetzt nicht mehr allen Verkehrsaufgaben gewachsen ist. Die Züge die an Sonntagen dem Heideverkehr dienen, müssen schon jetzt wieder von dem früheren Hannoverschen Bahnhof abgefertigt werden. Eine Erschwernis des Verkehrs trat vor dem Kriege durch die Sonderzüge der Reisenden der Hamburg-Amerika-Linie von und nach Cuxhaven ein. Dieser Verkehr, der für ein Schiff der Imperatorklasse bis zu 9 Sonderzügen nach Cuxhaven erforderte, stellte an den Hauptbahnhof dadurch so erhebliche Erfordernisse, daß die Verkehrsabwicklung innerhalb zweier Stunden bewältigt werden mußte. Die Grenze der Leistungsfähigkeit des Hauptbahnhofs und der Verbindungsbahnen ist erreicht, und die Notwendigkeit der Erweiterung dieser Anlagen rückt in greifbare Nähe.

Die Verkehrsschwierigkeiten werden auch kaum durch die bereits erhobene Forderung der Loslösung des Güterverkehrs von den Ferngleisen gemildert.

Die Frage, nach welchen Grundsätzen die Erweiterung der Eisenbahnanlagen für den Personenverkehr erfolgen muß, kann nicht nach den jetzigen, sondern nur nach den zukünftigen Bedürfnissen entschieden werden, und hier muß eine klare Unterscheidung zwischen Fernverkehr, Vorortsverkehr und Ortsverkehr eintreten.

Der Fernverkehr gliedert sich nach vier Richtungen: nach Harburg, Hannover, Bremen und Cuxhaven, nach Berlin, nach Lübeck, Mecklenburg und nach Kiel-Dänemark. Die Wechselbeziehungen zwischen Berlin, Bremen und Kiel einerseits und Hamburg andererseits, wachsen alljährlich. Im letzten Friedensjahre verkehrten zwischen Hamburg-Berlin bereits 22 Fernzüge einschließlich 6 D-Züge, auf der Strecke Hamburg-Bremen 24 Fernzüge, einschl. 8 D-Züge und auf der Strecke Hamburg-Kiel 20 Fernzüge einschl. 6 D-Züge. Bereits in dem Generalbebauungsplan Groß-Berlin wurde die Forderung nach einer elektrischen Schnellbahn Hamburg-Berlin aufgestellt. Bei der Erweiterung des Hauptbahnhofes muß aber auch die Forderung einer elektrischen Schnellbahn Hamburg-Kiel und Hamburg-Bremen erhoben werden. Diese Schnellbahn läßt nur den Weg über die jetzige Verbindungsbahn Hamburg-Altona zu. Den Fernbahnen muß, um eine glatte Verkehrsabwicklung zu ermöglichen, ein besonderes Gleispaar dienen, welches durch andere Verkehrsarten nicht belastet wird.

Der Vorortsverkehr hat sich seit dem Bahnhofsumbau durch das stets zunehmende Bestreben, außerhalb Hamburgs auf preußischem Gebiet in ruhiger und landschaftlich bevorzugter Lage Wohngebiete zu beschaffen, ebenfalls stark vermehrt.

Auf der Strecke Hamburg-Hannover endet der Vorortsverkehr in Harburg. An Sonntagen wird er erheblich erweitert durch die Züge, die über Harburg hinaus in die Lüneburger Heide, andererseits nach den Stationen der Strecke Harburg-Bremen und Harburg-Cuxhaven geleitet werden.

In der Richtung Hamburg-Berlin findet der Vorortsverkehr seinen Abschluß in Aumühle und Büchen und dient neben dem Markt- und Geschäftsverkehr zwischen Hamburg und Bergedorf, dem Wohnverkehr zwischen Hamburg und den Stationen Bergedorf, Reinbek und Aumühle. Auch der an den Sonntagen stattfindende Ausflugsverkehr nach Bergedorf und dem Sachsenwalde erfordert auf dieser Strecke eine starke Zugvermehrung.

Auf der Hamburg-Lübecker Strecke reicht der Vorortsverkehr bis Ahrensburg und auf der Hamburg-Kieler Strecke bis nach Elmshorn und Pinneberg.

Dem Vorortsverkehr dienen ferner noch die Südstormarnsche Kreisbahn zwischen den Stationen Tiefstak und Trittau, die Bergedorf-Geesthachter Eisenbahn und die Vierländerbahn, die beide in Bergedorf von der Vorortsbahn Hamburg-Friedrichsruh abzweigen. Die Geesthachter Kleinbahn hat durch die Munitionsfabriken in Geesthacht und Umgegend einen bedeutenden Verkehr mit Hamburg erhalten, der bereits zum zweigleisigen Ausbau der Kleinbahn nötigte.

Soll der Vorortsverkehr von entscheidendem Einfluß auf das Wirtschaftsgebiet und die Siedlungsfrage werden, so muß er, schon seiner jetzigen Bedeutung entsprechend, von den Gleisen des Fernverkehrs, auf denen er heute noch abgewickelt wird, befreit werden. Dazu ist neben den verlangten selbständigen Ferngleisen ein von diesen unabhängiges Netz von Vorortsbahnen, eine von den Ferngleisen losgelöste Einführung in den Hauptbahnhof und die selbständige Durchführung über die Verbindungsbahn erforderlich. Die Erweiterung des Hauptbahnhofes auf Grund der scharfen Trennung nach Fernverkehr, Vorortsverkehr und Ortsverkehr — der Ortsverkehr hat bereits sein besonderes Gleispaar — stellt an den Verkehrstechniker nicht unerhebliche Forderungen, die namentlich in der Lösung der Raumfrage liegen.

Im Zusammenhang mit der Erweiterung des Hauptbahnhofes muß auch der Umbau der viergleisigen Verbindungsbahn zu einer sechsgleisigen Strecke für den Personenverkehr und gleichzeitig ein Umbau der an der Verbindungsbahn liegenden Bahnhöfe erfolgen. Da aber der Güterbahnhof Sternschanze nur von der Verbindungsbahn aus bedient werden kann, so muß für diesen ein weiteres Gleis als Zustellungsgleis verfügbar bleiben. Die Verbindungsbahn muß somit einen siebengleisigen Ausbau erhalten. Dieser Ausbau wird auf der Strecke Sternschanze-Holstenstraße auf besondere Schwierigkeiten stoßen, die in der dichten Umbauung dieser Strecke begründet sind: hier wird der Ausbau ganz besondere Kosten verursachen.

Bei dieser völligen Umgestaltung der Personenbahnhöfe liegt der Gedanke nahe, den Bahnhof Dammtor wegen seiner bevorzugten örtlichen Lage als Entlastungsbahnhof des Hauptbahnhofs auszubauen. Zwar ist eine betriebstechnische Entlastung kaum möglich, da der Bahnhof Dammtor keinen Abstellbahnhof erhalten kann; die ihn berührenden Züge müssen alle über die Verbindungsbahn und den Hauptbahnhof geleitet werden. Aber eine verkehrstechnische Entlastung wäre immerhin erwägenswert. Im verkehrstechnischen Interesse wäre es vorteilhaft, wenn der Bahnhof Dammtor, ähnlich wie der Bahnhof Friedrichsstraße Berlin für jedes Gleis der freien Strecke mindestens zwei Bahnsteiggleise bekäme, damit die Zugfolge der freien Strecke vermehrt werden kann und Überholungen möglich bleiben. Örtlich sind hier keine Schwierigkeiten zu überwinden, da der Bahnhof auf beiden Seiten in Grünanlagen liegt.

Im Anschluß an das selbständige Vorortsbahnnetz muß auch die Frage erwogen werden, welche neue Vorortstrecken für Hamburg noch in Frage kommen und wie diese zweckmäßig in das Vorortsverkehrsnetz eingeführt werden müssen. Hier kommt hauptsächlich die Umwandlung der Altona-Kaltenkirchener Eisenbahn, die bereits in eine Nebenbahn umgebaut ist, der Südstormarnschen Kleinbahn, der Bergedorf-Geesthachter Eisenbahn und der Vierländer Bahn, in Vorortsbahnen in Frage. Die mit Dampf betriebene Kleinbahn läßt sich als Personenverkehrsmittel nicht mehr in das Weltstadtverkehrsnetz einfügen. Die Einführung dieser Bahnen in die bestehenden Vorortsbahnen bereitet keine Schwierigkeiten. Die Kaltenkirchener Bahn wird zweckmäßig in den Bahnhof Holstenstraße im Zusammenhang mit dem Umbau der Verbindungsbahn eingeführt. Auch die Südstormarnsche Bahn läßt ohne weiteres die Einführung bei Tiefstak zu. Dagegen eignet sich der Bahnhof Bergedorf, an den zur Zeit die Geesthachter Kleinbahn herangeführt ist, seiner örtlichen Lage wegen, nicht als Abzweigungsstelle für die Geesthachter Bahn. Es wird vielmehr notwendig, einen neuen Abzweigungsbahnhof etwa am oberen Landweg zu errichten. Hier zweigen schon jetzt die durchgehenden Züge Hamburg-Haupt-Bahnhof—Geesthacht ab. Die Vierländer Bahn plant neben der bereits bestehenden Anlage auch noch eine besondere Linie nach Hamburg, die neben dem Personenverkehr auch der Güterversorgung dienen soll.

Für die Um- und Erweiterungsbauten dieser Bahnen müssen auch die Raumflächen bereit gestellt werden. Die Schwierigkeiten liegen in der Durchführung der selbständigen Verkehrsnetze durch die engbebaute innere Stadt. Durch die räumliche Lage der Vorortsbahnen neben den Fernbahnen im Stadtinnern ist aber auch der notwendige innere Zusammenhang zwischen Fernverkehr und Vorortsverkehr gewahrt.

Die weitere Forderung, daß alle Vorortsbahnen elektrisch betrieben werden müssen, wird für das Wirtschaftsleben Hamburgs von erhöhter Bedeutung werden.

Im Weltstadtverkehr genügen aber die bisher aufgestellten Forderungen noch nicht. Wie bereits ausgeführt, ist nicht die Kilometerentfernung, sondern die aufzuwendende Fahrzeit maßgebend. Es muß daher die weitere Forderung gestellt werden, daß im Vorortsverkehr Eilzüge eingelegt werden, als Vororts-Eilzugsstationen kommen in Frage Wilhelmsburg, Harburg, Bergedorf, Aumühle, Geesthacht, Wandsbek, Ahrensburg, Altona, Pinneberg. Dort, wo der Vorortsverkehr sich parallel den Ferngleisen abwickelt, dürften für die Einführung von Eilzügen keine Schwierigkeiten vorhanden sein, da diese Züge unbedenklich über die Ferngleise geleitet werden können; im anderen Falle muß für die Anlage entsprechender Überholungsgleise Sorge getragen werden; zwar sind schon heute von Harburg, Bergedorf, Ahrensburg, und Pinneberg Eilzüge zum Teil als reine Vorortszüge nach Hamburg eingelegt, aber die Zahl der Züge genügt bei weitem nicht.

3. Der Ortsverkehr.

Dem Ortsverkehr dienen die elektrische Stadtbahn Ohlsdorf-Blankenese und die Hamburger Hochbahn. Während die Stadtbahn im Westen weit über die Grenzen hinausgeführt ist und im Nordosten durch den Bau der Alstertalbahn ebenfalls schon Hamburgs Grenzen überschritten hat, liegt die Hochbahn auschließlich im Hamburger Staatsgebiet.

Die Stadtbahn ist noch erweiterungsfähig als Verlängerung der Alstertalbahn über Poppenbüttel hinaus. Im Westen kommt noch der Umbau und die Elektrisierung der bereits bestehenden Strecke Blankenese-Wedel in Frage, deren Weiterführung nach Glückstadt oder Pinneberg des öfteren von der preußischen Staatsbahn in Erwägung gezogen worden ist. Der weitere Ausbau über Blankenese hinaus ist aber im Interesse der Siedlung keine allzu brennende Frage. Der preußische Staat wird im Interesse Groß-Hamburgs bei den zur Zeit bestehenden niedrigen Tarifsätzen den weiteren Ausbau kaum auf eigene Rechnung in die Hand nehmen, sondern den Interessenten überlassen, wie er auch die Verlängerung über Ohlsdorf hinaus, den Bau der Alstertalbahn — den Interessenten überlassen hat. Einen weiteren Ausbau der elektrischen Stadtbahn im Interesse des Ortsverkehrs hat also Hamburg von der preußischen Staatsbahn nicht mehr zu erwarten. Es muß die weitere Regelung seines Schnellbahnortsverkehrs selbst in die Hand nehmen; den Anfang hat Hamburg mit der Erbauung der Hamburger Hochbahn, die im Jahre 1912 eröffnet wurde, gemacht. Und hier setzt Hamburgs ureigne selbständige Verkehrs- und somit auch ureigne Siedlungspolitik ein.

Die Linienführung der Hamburger Hochbahn, die aus einer Ringlinie mit drei Abzweigungen nach Eimsbüttel, Ohlsdorf und

Rothenburgsort besteht, ist aber, da der Staat hier alleinigen Einfluß hatte, von rein Hamburgischen Ges chtpunkten erfolgt. Zwar ist die Möglichkeit der Fortführung der Eimsbütteler Zweiglinie über das Staatsgebiet hinaus nach Stellingen und Lockstedt im letzten Augenblick offen geblieben, aber den Städten Altona mit seinen 182 500 Einwohnern und Wandsbek mit seinen 37 000 Einwohnern ist durch die Art der Führung der Ringlinie durch das Stadtinnere jede Möglichkeit zum Anschluß an die Hochbahn genommen. Für Wilhelmsburg und Harburg wird ein Anschluß an das Hochbahnnetz bei dem Bau der zu erwartenden Freihafenbahn möglich sein, aber auch nur dann, wenn sich die Beteiligten dem großen Weltstadtgedanken unterordnen. Andererseits ist jedoch zu berücksichtigen, daß Hamburg selbst noch viel zu tun hat, sein Schnellbahnnetz für seine ureigenen Bedürfnisse auszubauen, da das jetzt im Betrieb befindliche Stadtschnellbahnnetz den Verkehrsbedürfnissen nicht genügt, aber dieser Ausbau muß doch so geschehen, daß der Anschluß der preußischen Städte überhaupt möglich ist und nicht gar verhindert wird. Von einer einzigen Schnellbahnlinie, selbst wenn sie drei Abzweigungen besitzt, kann man nun unmöglich die Befriedigung der Schnellverkehrsbedürfnisse aller Stadtteile verlangen. Ein Blick auf die Linienführung der Hochbahn zeigt denn auch, daß d e vier linkselbischen Stadtteile, die für Hamburgs Handel und Industrie von derartiger Wichtigkeit sind, daß sie unbedingt der Erschließung durch eine Schnellbahn bedürfen, von der Hamburger Hochbahn bisher überhaupt keinen Vorteil haben. Fr. A. Meyer hatte bereits weitsehend das Freihafenbahnprojekt in seine Entwürfe aufgenommen. Auch Petersen hat im Jahre 1900 in seiner Schrift „Der Entwurf einer Schwebebahn“ die Erschließung der linkselbischen Stadtteile durch die Freihafenbahn gefordert. Der Erbauung dieser Bahn ist erst kürzlich vorsorglich dadurch Rechnung getragen, daß bei dem Bau der Elbbrücke oberhalb Hamburgs auf die Durchführung der Freihafenbahn Rücksicht genommen wird. Nicht nur die linkselbischen Stadtteile, sondern auch einige rechtselbische Stadtteile z. B. Rotherbaum, Neustadt-Nord, St. Georg-Süd, Borgfelde, Hamm, Horn und Uhlenhorst haben keine direkten Vorteile von der ganzen Hochbahnanlage. Andere Stadtteile wie Harvestehude, Neustadt-Süd, Eilbek werden von der Hochbahn nur berührt, und die von ihr gebotenen Vorteile fallen für diese Stadtteile weniger ins Gewicht. Über alle diese Mängel war man sich jedoch klar. Eins der wichtigsten Verkehrszentren, der Rathausmarkt, kann von den westlich der Alster Wohnenden nur auf dem Umwege über St. Pauli Landungsbrücken erreicht werden.

Den schwerwiegendsten Mängeln soll durch die geplante Nord-

Süd-Ost Schnellbahn abgeholfen werden. Durch diese Bahn werden Barmbeck, Uhlenhorst, Harvestehude, Rotherbaum, Altstadt-Nord, Borgfelde, Horn durchschnitten. Außer dem Rathausmarkt soll ein weiterer wichtiger Verkehrsmittelpunkt, das Deichtor, an das Schnellbahnnetz angeschlossen werden, dessen Anschluß bereits Fr. A. Meyer und Petersen in ihren schon genannten Entwürfen verlangt haben. Außer der Erfassung der nicht durch die Hochbahn berührten Stadtteile sollen innerhalb des Staatsgebietes auf der Strecke Horn-Bergedorf durch die Nord-Süd-Ost-Schnellbahn auch neue Siedlungsmöglichkeiten geschaffen werden, namentlich für die weniger bemittelten Klassen. Ob es verkehrstechnisch erforderlich ist, die östlich der Alster liegenden Stadtteile Barmbeck und Uhlenhorst mit den westlich der Alster liegenden Stadtteilen Harvestehude und Rotherbaum, die eine so verschiedenartig soziale Bevölkerung aufweisen, durch eine Schnellbahn, wie geplant, direkt zu verbinden unter kostspieliger Unterführung der Außenalster kann nicht ohne weiteres bejaht werden.

Im Norden Hamburgs ist noch die Langenhorner Bahn erbaut worden, deren elektrische Betriebseröffnung durch den Krieg verhindert wurde.

Der Siedlung dient ferner die bereits im Bau fertige, aber dem elektrischem Betrieb auch noch nicht übergebene Walddörferbahn.

Demselben Zweck soll auch die geplante Groß-Borsteler Schnellbahn dienen, die vom Bahnhof Lattenkamp der Hamburger Hochbahn (Zweiglinie Ohlsdorf) abzweigt und im Norden Langenhorns mit der Langenhorner Bahn vereinigt werden soll.

Das hier umrissene Stadtschnellbahnnetz trägt aber nur den Bedürfnissen des Hamburger Staates — und auch diesen nicht einmal restlos — Rechnung, ohne sich um das Gesamtwirtschaftungsgebiet der Weltstadt zu kümmern. Dem jetzigen Stadtschnellbahnnetz fehlt der einheitliche, das ganze Wirtschaftsgebiet umfassende Entwurf. Diese Tatsache hat schon praktisch ihre nachteiligen Folgen in der Anlage des Anschlusses der Walddörferbahn an das Hochbahnnetz gezeitigt. Bei der Erbauung der Hochbahn hat man an den Bau einer Walddörferbahn infolge Fehlens eines einheitlichen Verkehrsprogrammes nicht gedacht; so war man bei Barmbeck zu einer sehr teuren und kostspieligen Einführung der Walddörferbahn in die eben fertiggestellte Hochbahn gezwungen; bei einem einheitlich aufgestellten Verkehrsplan hätten sich zweifellos weit bessere Lösungen finden lassen, auch dann noch, wenn die Walddörferbahn unbedingt an die Hochbahn und nicht an die Stadtbahn angeschlossen werden sollte.

Ist schon darauf hingewiesen worden, daß ein Anschluß an das im Betrieb befindliche Hochbahnnetz für die wirtschaftlich hochentwickelten preußischen Gebiete, wie Altona, Wilhelmsburg, Wandsbeck nicht mehr möglich ist, so haben diese wichtigen Gemeinden in dem Wirtschaftskörper Hamburgs auch von den bisher geplanten Linien eine Anschlußmöglichkeit kaum zu erwarten. Können diese Gemeinden aber hiermit nicht rechnen, dann wird der Wert des Hamburger Stadtschnellbahnnetzes und damit auch der innere Wert großer hochentwickelter Wirtschaftsflächen der Weltstadt zum Schaden der Gesamtentwicklung stark herabgemindert. Das Stadtschnellbahnnetz muß von weit größeren Gesichtspunkten aus entworfen werden, als es bisher geschehen ist. Ebensowenig wie Preußen die Eisenbahnen an den Grenzen Hamburgs oder eines anderen Bundesstaates enden läßt, ebensowenig kann Hamburg sein Stadtschnellbahnnetz hermetisch gegen die preußischen Gemeinden, die mit ihm eine Wirtschaftseinheit bilden, abschließen. Die Stadtschnellbahnen müssen sich bis in die Außenbezirke des Groß-Hamburger Wirtschaftsgebietes unbekümmert um die politischen Grenzen erstrecken.

Sollen aber in den Außenbezirken Hamburgs Neuansiedlungen entstehen, so ist Voraussetzung das Vorhandensein einer Haltestelle des Vorortsbahn- oder Schnellbahnnetzes. Von dieser Haltestelle ausgehend muß das Straßennetz entworfen werden. Die Straßenverbindung mit der bestehenden Stadtanlage kommt dabei erst in zweiter Linie in Betracht. Da, wie bereits erwähnt, die Anzahl der in das Außengelände zu führenden Schnellbahnen in Abhängigkeit von der Möglichkeit der Durchführung der Bahnen im Stadtinnern steht, so folgt hieraus, daß weite Landflächen verbleiben, die nur durch S t r a ß e n b a h n e n erschlossen werden können. Hierdurch fällt der Straßenbahn außer ihrer ursprünglichen dem Verkehr im Stadtinnern dienenden Aufgabe eine weitere große Aufgabe zu, nämlich Zubringer zum Schnellbahnnetz in den Außengebieten zu werden. Die Entwicklungsmöglichkeit des Hamburger Straßeneisenbahnnetzes wird sich vornehmlich auf preußischem Gebiete entfallen.

Da es stets auf die Minutenfahrzeit ankommt, um von der Wohnstätte zur Arbeitsstätte und umgekehrt zu gelangen, wird es nötig sein, die Geschwindigkeit der Straßenbahnen, da wo es angängig ist, zu steigern. Dies wird in erhöhtem Maße nur in den Außengebieten möglich sein. Hier sind daher Straßenschnellbahnen zu planen. Der Straßenbahn fällt somit die weitere Aufgabe zu, in den Außengebieten im Anschluß an die Vororts- und Stadtschnellbahnen ein Netz von S t r a ß e n s c h n e l l b a h n e n zu bauen, und dieses Netz durch Straßenbahnverbindungen aufzuteilen. Die Einführung größerer Fahrtgeschwindigkeiten erheischt es, daß vor Aufstellung der Bebauungspläne die Führung künftiger Straßenbahnlinien reiflich erwogen werden muß. Daher wird es zweckmäßig sein, den Straßenbahnen besondere Bahnkörper zuzuweisen und ferner die Voraussetzungen zu prüfen, ob und an welchen Stellen der Straßenbahnkörper im Straßenzuge selbst verlegt werden oder eine von ihm getrennte Lage erhalten soll. Das letztere wird dann vorzusehen sein, wenn die spätere Umwandlung der Straßenbahn oder Straßenschnellbahn in eine Stadtschnellbahn ins Auge gefaßt werden muß.

Die Erwägungen, ob eine Straßenschnellbahn oder eine Stadtschnellbahn erbaut werden soll, sind manchmal schwieriger Natur. So ist die Walddörfer Bahn als Schnellbahn zweifellos eine verfrühte Anlage und was die Zweiglinie Volksdorf—Groß-Hansdorf betrifft, als Schnellbahn sicherlich eine verfehlte Anlage. Der von den Walddörfern in absehbarer Zeit zu erwartende Verkehr hätte sicherlich von einer Straßen s c h n e l l bahn bewältigt werden können; die jetzt in die Walddörfer Bahn gesteckten 20 Millionen Mk. werden sich nie verzinsen, selbst die Betriebskosten werden kaum gedeckt werden können. Professor Giese, der verkehrstechnische Oberbeamte des Zweckverbandes Groß-Berlin, hat nachgewiesen, daß solche Straßenbahnen mit Höchstgeschwindigkeiten von 35 km in der Stunde und Reisegeschwindigkeitten von 20—23 km in der Stunde betrieben werden können; die Geschwindigkeit bleibt nur um 10 % hinter der einer Schnellbahn zurück. Die Baukosten einer solchen Straßenbahn betragen aber nur etwa 10 % derjenigen der Einschnittsbahnen, 3—4 % der Hochbahn und gar nur 0,8 %—2,0 % der Untergrundbahn. Auch die Betriebskosten sind bedeutend geringer als bei den Schnellbahnen. Es hätten somit in der Walddörfer Bahn höchstens 2—2,3 Mill. Mk. festgelegt zu werden brauchen gegen 20,5 Mill. Mk. der jetzt aufgewendeten Kosten.

Die restlose Lösung aller Verkehrsaufgaben schließt auch die Anlagen zweckentsprechender Verkehrsstraßen für den Straßenverkehr in sich, die noch später besprochen werden.

Die bisherigen Ausführungen haben zweierlei erkennen lassen; die gewaltige Bedeutung und Wichtigkeit des Ausbaues der Anlagen sowohl für die Bewältigung des Massengüterverkehrs als auch für die Bewältigung des Ortspersonen-Verkehrs Hamburgs. Die Regelung beider Verkehrsarten, die in einem unlösbaren Zusammenhang stehen. bilden im Verein mit einem gesunden Tarifaufbau des Vororts- und Ortsverkehr die Grundlage für den geordneten und gesicherten Weltstadtaufbau Hamburgs. Alle diese verkehrstechnischen Anlagen, — die Erweiterung des Hafens, der Ausbau der lokalen Wasserstraßen, die Bereitstellung von

Industriegelände, die Neuanlagen und Erweiterungen für den Eisenbahnmassengüterverkehr, die Erweiterung für den Personen-Fernvororts- und Ortsverkehr, — die für ein Mehrfaches des jetzigen Verkehrs grundlegend festgelegt werden müssen, benötigen aber Geländeflächen, die vorsorglich bereitgehalten und anderen dauernden Zwecken vorenthalten werden müssen. Es werden somit nicht nur bedeutende Flächen im Hamburger Staatsgebiet, sondern auch in den umliegenden preußischen Gemeinden im Interesse der Weltstadtbildung gesperrt. Die restlose Durchführung dieser Aufgaben ist die vornehmste, aber auch die verantwortungsvollste, die dem Hamburger Staat obliegt. Alle die noch notwendigen Anlagen in ihren gegenseitigen Abhängigkeiten richtig zu erfassen und zu planen ist eine schwierige Aufgabe; sie wird um so schwieriger, je mehr das Bemühen obwaltet, zu verhindern, daß neben den Vorteilen, die die neuen Verkehrseinrichtungen im Gefolge haben, später sich ebenso große Schäden durch ihr Vorhandensein bemerkbar machen können.

Aber erst nachdem hier Klarheit geschaffen, das notwendige Gelände für alle Verkehrs- und Industrieanlagen ausgewiesen ist, kann grundlegend der Siedlungsfrage Groß-Hamburgs näher getreten werden, sonst werden Verhältnisse eintreten, wie sie heute in Paris oder Berlin bestehen.

II. Abschnitt.

Die bisherigen Maßnahmen Hamburgs zur Lösung der Siedlungsfrage.

A. Verkehrstechnische Maßnahmen.

Die hauptsächlichsten Träger der Siedlung waren die bisherigen Verkehrseinrichtungen, Vorortsbahn, Stadtbahn, Straßenbahn einerseits, die Gesetzgebung und die gemeinnützige Bautätigkeit andererseits.

Die Vorortsbahnen haben einen nicht unwesentlichen Einfluß auf die Siedlung Groß-Hamburgs ausgeübt; vielen Hamburgern haben sie das Wohnen außerhalb der Grenzen in Ortschaften erleichtert, die wegen ihrer bevorzugten landschaftlichen Lage viele Vorteile bieten. Hierzu kommt noch, daß Nebel, Rauch und Ruß in der Hamburger Innenstadt geradezu zum Wohnen in den hochgelegenen Vorortsgebieten drängen. Der Einfluß kommt in der schnellen Bevölkerungszunahme der einzelnen Ortschaften zum Ausdruck. Vom Jahre 1900 bis 1913 haben einen Zuwachs zu verzeichnen; Bergedorf von 10 250 auf 16 500 Einwohner = 60,9 %; Reinbek von 1671 auf 2165 = 30,3 %; Wohltorf von 335 auf 635 = 95 %; Alt Rahlstedt von 1290 auf 2300 Personen = 78 %; Ahrensburg von 2021 auf 3166 Personen = 57,5 %; Eidelstedt von 2213 auf 3390 Personen = 53.2 %; Halstenbek von 1450 auf 2365 Einwohner = 70 %; Pinneberg von 4103 auf 6835 Personen = 66,7 %; Elmshorn von 13 464 auf 15 083 Personen = 12 %; Harburg von 46 333 auf 68 950 Personen = 50 %. Der Zuzug von Hamburg und dementsprechend die Entwicklung der an den Vorortsbahnen liegenden Ortschaften würde noch größer sein, wenn die Strecken elektrisch, mit noch größerer Zugfolge und größerer Fahrtgeschwindigkeit betrieben würden. Hier muß jedoch bemerkt werden, daß der Hamburger Staat auf diese Besiedlung keinen Einfluß hat.

Wenn schon der Einfluß der Vorortsbahnen auf die Siedlung Groß-Hamburgs deutlich erkennbar ist, so hängt an der elektrischen

Stadtbahn ein weit bedeutenderes Stück weltstädtischer Siedlungspolitik, das aber nur zum Teil auf Konto des Hamburger Staates zu buchen ist. Im Bereich der Strecke Berlinertor-Barmbeck war die Siedlungspolitik vom Hamburger Staat beabsichtigt, westlich von Altona konnte sie von ihm, nachdem die Elektrisierung der Stadtbahn einmal durchgeführt war, nicht verhindert werden und an der Verlängerung der Stadtbahn — der Alstertalbahn — ist sie ganz sicherlich schon mit Rücksicht auf seine Walddörferbahn von ihm nicht gewollt. So ist die vom Hamburger Staate ausgeführte Linienführung vom Berlinertor bis Barmbeck auf die Besiedlung der Stadtteile Hamm und Barmbeck namentlich in der Umgebung der Bahnhöfe Hasselbrook und Barmbeck von entscheidendem Einfluß gewesen. Seit dem Jahre 1908, der Eröffnung des elektrischen Betriebes auf der Stadtbahn bis zum Jahre 1913, ist Hamm von 35 240 auf 63 832 Einwohner = 81 %, Barmbeck von 80 370 auf 129 730 Einwohner = 61,4 % angewachsen. Ist diese Entwicklung auch nicht restlos auf das Konto der elektrischen Stadtbahn zu schreiben, so hat sie doch einen erheblichen Anteil an dem Aufschwung dieser äußeren Stadtteile und somit an der Lösung der Siedlungsfrage. Die schnell aufsteigende Entwicklung westlich Altonas ist aber allein der elektrischen Stadtbahn zuzuschreiben. Seit Einführung des elektrischen Betriebes von 1908 bis 1913 haben die Altonaer Stadtteile Bahrenfeld von 4423 auf 9600 Einwohner = 117 %, Othmarschen von 1735 auf 2256 Einwohner = 30 %, die Gemeinden Groß-Flottbeck von 3880 auf 4940 Einwohner = 30 %, Hochkamp von 2092 auf 2672 Einwohner = 26 %, Dockenhuden von 3695 auf 5025 Einwohner = 37 %, Blankenese von 5302 auf 6006 Einwohner = 13,5 % zugenommen. Es sind mit Ausnahme von Bahrenfeld keine Arbeitersiedlungen, sondern Gartenstadtsiedlungen vornehmsten Charakters geworden, die vom Hamburger mit Vorliebe schon wegen der unmittelbaren Nähe des Elbstromes besiedelt werden. Wenn auch auf preußischem Gebiete durch die Stadtbahn und die Vorortsbahnen ansehnliche Gemeinden mit wohlhabender Bevölkerung die ihren Erwerb in Hamburg hat, sich entwickeln, und noch weitere an der Alstertalbahn entstehen, so ist dies für Hamburg ein Vorteil, wenn auch dem Hamburger Staate die Steuern dieser zahlungskräftigen Bürger zum Teil verloren gehen; denn die im Geschäftsleben Hamburgs tätige Bevölkerung jener Orte schafft doch Werte, die wieder Hamburg zu Gute kommen. Wertet man noch die Tatsache, daß die Stadtbahn im Jahre 1905 nur 8 000 000 Fahrgäste, 1913 aber 76 100 000 Fahrgäste beförderte, was einer Steigerung von 850 % entspricht, dann darf die elektrische Stadtbahn die das Werk des verdienstvollen Altonaer Oberbaurats R. Caesar ist, mit Recht als ein Schulbeispiel weltstädtischer Verkehrs- und Siedlungspolitik hingestellt werden.

Die Hamburger Straßenbahn hat seit ihrem Bestehen ihre Aufgabe im Dienste der Siedlungspolitik glänzend erfüllt. Die Lösung dieser Aufgabe war aber nur deshalb von Erfolg gekrönt, weil die Straßenbahn ebenso wie die Stadtbahn sich nicht an die Grenzen des Hamburgischen Staates kehrte und sich mit ihrem Verkehrsnetz weit über die Hoheitsgrenzen Hamburgs ausdehnte, ohne dabei den Ausbau des Netzes im Stadtinnern zu vernachlässigen. Der Überschreitung der Landesgrenzen wurden nicht selten große Schwierigkeiten seitens des Hamburger Staates entgegengesetzt. Um so höher ist das Verdienst der Straßenbahn zu bewerten. Diese Netzausdehnung — die Gleislänge stieg von 290 160 m im Jahre 1901 auf 366.717 m im Jahre 1913 — hat nicht unwesentlich zum Geländeaufschluß des Groß-Hamburger Wirtschaftsgebietes beigetragen.

In den Jahren 1901 bis 1914 sind folgende Neubaustrecken ausgeführt worden: 1902 die Linie Harburg—Hauptbahnhof—Staderstraße; ferner die Linie Harburg—Veddel. 1903 die Linie Eppendorf—Groß-Borstel; 1907 die Linie Landesgrenze (Eimsbüttel) über Kaiser-Friedrichstraße nach dem Hagenbeckschen Tierpark und nach Stellingen, sowie die Linie Harburg Hauptbahnhof —Heimfelderstraße; 1908 die Linie Philosophenweg —Moltkestraße (Altona) an Stelle der früheren Pferdebahn in der Flottbecker Chaussee; 1909 die Linie Barmbeck—Zoll nach dem Schützenhaus; 1912 die Strecke Eimsbüttelerstraße in Langenfelde, ferner die Linie Niendorf—Schnelsen; 1913 die Verlängerung der Wandsbeckerlinie bis zum Friedhofe an der östlichen Stadtgrenze Wandsbecks sowie die Verlängerung einer weiteren Wandsbeker Linie bis zur Wandsbeker Gartenstadt, endlich eine Verlängerung über Langenfelde bis Eidelstedt; 1914 Verlängerung der Linie Horn nach Schiffbek.

Die Straßenbahn hat ferner mit der Gemeinde Bramfeld ein Abkommen über den Bau zweier Bahnstrecken auf Bramfelder Gebiet und mit der Stadt Altona Verträge über den weiteren Ausbau des Straßenbahnnetzes abgeschlossen.

Auch an dem Aufschwung der äußeren Stadtteile Hamm, Horn, Uhlenhorst, Barmbek, Winterhude, Eppendorf, Eimsbüttel hat die Straßenbahn hervorragenden Anteil, indem sie durch Einlegung vermehrter Linien, Einführung größerer Fahrtgeschwindigkeiten, Einführung einer dichteren Wagenfolge und Beigabe von Anhängewagen eine erhöhte Verkehrsgelegenheit bot und dadurch der Bevölkerung das Wohnen in diesen äußeren Stadtteilen erleichterte. So haben in den Jahren 1900 bis 1913 zugenommen:

Hamm von 19 885 auf 63 832=44,017 Einwohner oder 222,14 %; Horn von 4721 auf 8593=3872 Einwohner oder 83,0 %; Uhlenhorst 33 421 auf 40 829=7408 Einwohner oder 22,17 %; Barmbek von 48 201 auf 119 730=71 529 Einwohner oder 148 %; Winterhude von 14 271 auf 40 016=25 745 Einwohner oder 170 %; Eimsbüttel von 64 108 auf 126 604=62 496 Einwohner oder 97,48 %.

Die erhöhte Verkehrsgelegenheit hat naturgemäß auch wieder günstig auf den Verkehr selbst gewirkt. Während im Jahre 1901 auf der Straßenbahn 92,5 Millionen Fahrten ausgeführt wurden, war der Verkehr im Jahre 1913 auf 188,075 Millionen Fahrten gestiegen. Mit Recht darf man behaupten, daß die Straßenbahn die ihr gestellte Aufgabe als Trägerin Hamburger Siedlungspolitik im vollen Umfange gelöst hat. Wenn auch in diesen äußeren Stadtteilen Uhlenhorst, Hamm, Horn u. a. noch mancher Sektor nicht durch Straßenbahnlinien erschlossen ist, so kann dies der Straßenbahnverwaltung nicht zum Vorwurf gemacht werden, sondern die Tatsache lag in der unbestimmten Haltung begründet, die der Hamburger Staat der Straßenbahn lange Zeit gegenüber mit Rücksicht auf den im Jahre 1922 ablaufenden Konzessionsvertrag eingenommen hat.

B. Die gesetzlichen Maßnahmen.

Die gesetzlichen Bestimmungen, auf Grund derer sich bisher in Hamburg die Siedlung vollzogen hat, sind folgende: die Baupolizeigesetze vom 3. Juli 1865/31. Januar 1872, 23. Juni 1882 nebst Novellen vom 28. April 1893 und 15. April 1896, Gesetz betr. den Bebauungsplan für die Vororte auf dem rechten Elbufer vom 30. Dezember 1892 mit Abänderungen von 1894, 1895, 1898. Gesetz betr. Überschreitung von Baulinien vom 13. Juli 1893, Wohnungspflegegesetz vom 8. Juni 1890, bezw. Februar 1907, Gesetz betr. die Förderung des Baues von Kleinwohnungen vom 21. Mai 1902, Gesetz betr. den Ausschluß von Fabriken und belästigenden Geschäftsbetrieben in gewissen Teilen des Bebauungsplangebiets vom 3. November 1905, Baupflegegesetz vom 3. April 1912, Gesetz über den Begriff „Etagenhaus“ vom 3. Januar 1913, Eingemeindungsgesetz vom 23. Dezember 1912, mit baupolizeilichen Sondervorschriften für das Anschlußgebiet, Bauordnung vom 19. Juli 1918, Neufassung des Abschnitts IX und X des Baupolizeigesetzes vom 31. Juli 1918.

Das Baupolizeigesetz, das hier in seinen Einzelheiten nicht erörtert zu werden braucht, stammt aus dem Jahre 1882. An Stelle des veralteten und unzulänglichen Gesetzes ist am 19. Juli 1918 ein neues Baupolizeigesetz verabschiedet worden, dessen erste Beratungen bis in das Jahr 1897 zurückreichen, ein Beweis dafür, daß das Gesetz von 1882 schon lange nicht mehr den for - geschrittenen Bedürfnissen entsprochen hat, aber auch dafür, welche Zeit notwendig ist, um in Hamburg an Stelle eines veralteten Baupolizeigesetzes ein neues zu erlassen, dem vielleicht auch schon die Zeit weit vorausgeeilt ist.

Das Bebauungsplangesetz war eine notwendige Ergänzung zum Baupolizeigesetz. Es enthält Bestimmungen über Straßenlinien, Straßenhöhen, Baufluchtlinien; ferner können durch dieses Gesetz Beschränkungen auferlegt werden bezüglich der Zahl der Geschosse und des Abstandes der einzelnen Gebäude voneinander. Auch können Auflagen in bezug auf die architektonische Durchbildung der Seitenfronten vorgeschrieben werden. Für bestimmte Straßenzüge oder Bezirke kann die Errichtung von Stockwerkhäusern, Wohnhöfen und Betrieben von der Erfüllung bestimmter Vorschriften abhängig gemacht werden. Der Bebauungsplan kann auch noch sonstige Beschränkungen in der Bebauung und Grundeigentumsausnutzung vorschreiben. In den Bebauungsplänen sind die Ausnutzungsbeschränkungen nach fünf Bauklassen geordnet und gliedern sich in das Verbot der Errichtung von

Wohnhöfen,
Stockwerkshäusern mit mehr als 3 Obergeschossen,
Stockwerkshäusern wie vor und Wohnhöfen,
Stockwerkshäusern mit mehr als zwei Obergeschossen und Wohnhöfen,
Stockwerkshäusern und Wohnhöfen.

Man ersieht hieraus, daß sich die Ausnutzungsbeschränkungen im wesentlichen gegen die Wohnhöfe richten. Die praktische Anwendung der gesetzlichen Bestimmungen muß manchmal bemängelt werden. So ist es vom städtebaulichen Standpunkt aus verfehlt, wenn z. B. Bauklasse 2 und Bauklasse 5 nur durch die Straße selbst voneinander getrennt werden. Dann wirkt die Anwendung des Gesetzes unvorteilhaft auf das Stadtbild. Man denke z. B. nur an das Straßenprofil der Sierichstraße, die an dem äußeren Umkreise der Stadt liegt; auf der Westseite der Straße finden wir nur das Einfamilienhaus teils in geschlossener, teils in offener Bebauung, auf der Ostseite Stockwerkhäuser mit mehr als 3 Obergeschossen. Die Bauten stammen aus den Jahren 1913/14. Derartig verfehlte Anwendungen sind nicht vereinzelt in Hamburg zu finden. Eine solche Anwendung ist städtebaulich natürlich falsch. Die Einheit des Straßenbildes muß stets gewahrt bleiben; will man Abstufungen herbeiführen, so sollen diese durch den Bebauungsplan als besondere Zwischenstufen behandelt und festgelegt werden, namentlich dann, wenn sonst das Straßenbild so empfindlich gestört wird, wie in dem angeführten Beispiel. Solche Anordnungen konnten nur auf Grund veralteter Baugesetze getroffen werden. Mit der Schaffung neuzeitlicher städtischer Verkehrseinrichtungen wie die Schnellbahnen, die auf manche Hamburger Stadtteile ihren unverkennbaren Einfluß ausüben mußten, hätte auch die Schaffung einer neuzeitlichen Bauordnung Hand in Hand gehen müssen.

Eine der wesentlichsten Bestimmungen des Bebauungsplangesetzes ist der den Grundstückeigentümern zustehende Entschädigungsanspruch bei der Anwendung von Einschränkungen. Um nicht allzu erheblichen Entschädigungsansprüchen zu begegnen, hat man leider in den bereits bebauten Gegenden von einer an sich wünschenswerten Beschränkung in der Ausnutzung der Grundstücke abgesehen. Hiernach wird das Gesetz in seiner Anwendung auf stark bebaute Gegenden zu einem nebensächlichen, da die Entschädigungssummen hier fast unerschwinglich wären. Konnte doch auch das Bebauungsplangesetz den Villencharakter mancher Gegenden nicht retten. Selbst an der Außenalster, die durch ihren herrlichen Villenkranz städtebaulich berühmt ist, durften, unter dem Schutze des Gesetzes, scheußliche vierstöckige Bauten erstehen. Das Gesetz enthält aber auch Bestimmungen über die sogenannten hinteren Baulinien, die teils als Schutz gegen Flügelbauten, teils da Anwendung finden, wo bei zu tiefen Baublöcken ein Teil des Privatgrundbesitzes (das sogenannte Hinterland) der Erbauung erschlossen und mit Bauten zu Wohnzwecken unter Wahrung ausreichend großer Innenhöhe besetzt werden darf. Das Gesetz vom 13. Juli 1898, betreffend die Überschreitung der Baulinien, enthält hierüber die notwendigen Ausführungsbestimmungen. Finanztechnisch werden durch dieses System ja erhebliche Straßenbaukosten gespart, städtebaulich ist aber dieses Verfahren nicht einwandfrei, wie überhaupt schon das Vorhandensein an sich zu tiefer Baublöcke auf eine nicht allzu vorsorgliche Tätigkeit bei der Bebauungsplanaufstellung schließen läßt.

Um den größten Auswüchsen, die sich aus der bisherigen Baugesetzgebung gerausgebildet haben, zu steuern, wurde ein weiteres Gesetz, das Baupflegegesetz, wenn auch erst im Jahre 1912 erlassen. Dieses Gesetz dient „zum Schutze gegen die Verunstaltung des Straßen-, Orts- und Landschaftsbildes, zum Schutze der Bau- und Naturdenkmäler, sowie zur Wahrung der künstlerischen Gesichtspunkte bei Ausgestaltung des Stadt- und Landschaftsbildes“. Das Gesetz wird gehandhabt von einer Kommission, der ein sachverständiger Beirat beigeordnet ist. Die Tätigkeit der Kommission erstreckt sich auf das gesamte Staatsgebiet. Außerdem setzt der Senat besonders schutzbedürftige Gebiete fest. Sämtliche bei der Baupolizei eingehenden Bauzeichnungen und Entwürfe sind von dieser der Baupflegekommission zur Begutachtung vorzulegen. In Ausnahmefällen kann aus baukünstlerischen Rücksichten von dem Senat auf Vorschlag des Ausschusses Befreiung von baupolizeilichen Vorschriften erfolgen.

Von Wichtigkeit bei diesem Gesetz ist die Ausschaltung des Einspruchsrechts des Grundeigentümers. Das Gesetz gewährt der Baupflegekommission in der Erhebung eines Einspruchs gegen die Verunstaltung des Stadtbildes volle Selbständigkeit, setzt allerdings bei bestimmten Forderungen der Kommission eine Entschädigungspflicht des Staates fest (§ 3). Die Jurisdiktion der Kommission ist gewahrt und zugleich ihre Bedeutung für die Baukultur des Staates Hamburg festgelegt. Sie kann ihre Fälle selbst erledigen, ohne zunächst den Weg durch die Gerichte nehmen zu müssen.

Zwischen Baupolizei und Baupflegekommission bestehen mannigfache Wechselbeziehungen. Während die Baupolizei nur dann befugt ist, eine Befreiung von den baupolizeilichen Bestimmungen bei dem Senat zu beantragen, wenn die Bestimmungen des Gebäudes eine größere als baupolizeilich zugelassene Höhe bedingt, kann die Baupflegekommission die Befreiung auch aus anderem Grunde — wenn baukünstlerische Rücksichten als vorwiegend erachtet werden — beim Senat beantragen; was also die Baupolizei gesetzgemäß ablehnen muß, kann die Baupflegekommission gesetzmäßig befürworten. Auch die Tatsache, daß die sämtlichen bei der Baupolizei eingehenden Entwürfe der Baupflegekommission zur Begutachtung — wenn auch nur von der baukünstlerischen Seite — vorgelegt werden müssen, trägt wenig zur Beschleunigung des Geschäftsganges, aber auch wenig zur Hebung des Ansehens der Baupolizei bei. Der Anschein, daß die Zweiteilung Baupolizei und Baupflegekommission nicht zweckmäßig ist, kann nicht von der Hand gewiesen werden.

Das Wohnungspflegegesetz trifft Maßnahmen für eine gesundheitsmäßige Beschaffung und Benutzung.

a) aller Wohn- und Schlafräume, der Küche, Aborte und Nebenräume wie Gänge, Treppen, Böden, Keller, ferner Höfe, Lichthöfe, Lichtschächte;

b) solcher Läden, Werkstätten und Arbeitsräume nebst Zubehör, die mit der Wohnung in engerer Verbindung stehen. Gasthöfe und Herbergen werden nur insoweit von dem Gesetz nicht betroffen, sofern es sich um Räume zur Unterbringung von vorübergehend Anwesenden handelt

Das Gesetz enthält ferner noch Bestimmungen über das Einlogiererwesen. Auf der Grundlage der Gesundheitsfürsorge ist das Gesetz nach Aufbau und Fassung ein Polizeigesetz. Die Handhabung des Gesetzes liegt in der aus zwei Senatsmitgliedern und zwölf Kreisvorstehern gebildeten Wohnungspflegebehörde, der auch eine polizeiliche Strafgewalt bis zu 150 Mk. bei Zuwiderhandlungen zusteht.

Das Gesetz sollte ursprünglich die Handhabe zur Räumung der gesundheitlich bedenklichen Wohnungen bieten, die in dem Stadtkern, namentlich in der Altstadt und Neustadt — in den sogenannten Gängevierteln — aus der Zeit regelloser Bebauung vorhanden waren. Es konnte jedoch mit all den Abschwächungen mit denen es verabschiedet wurde, die gewollte Bedeutung nicht erlangen.

Um dennoch die üblen Wohnungsverhältnisse in der Altstadt und zum Teil in der Neustadt zu beseitigen, wurde das Sanierungsgesetz erlassen. Dieses Gesetz griff tiefeinschneidend in die Hamburger Siedlungsverhältnisse der Innenstadt ein. In seiner Form war es ein großzügig angelegtes, den besonderen Verhältnissen Rechnung tragendes Enteignungsgesetz, in dem der Hanseatenwille, Großes und Anerkennenswertes zu leisten, zum Ausdruck kam. Es darf nicht verkannt werden, daß durch die Sanierung eine Reihe von Straßen und Innenhöfen verschwanden, die reizende alte Fronten aus dem 15. bis 18. Jahrhundert hatten und herrliche Zierden ihrer Zeit waren. Gotik und Renaissance gingen hier ineinander über. Manch hübsches Fachwerk, manch schöner Renaissance- und Barockgiebel, manch prächtige durch Balkenschnitzwerk verzierte Diele fiel der Axt des Abbruchunternehmers zum Opfer. Der friedliche Glockenhof und Schmiedehof mußten weichen. Es verschwanden aber auch Straßenzüge, vor allem die unheimlichen Höfe zwischen Steinstraße, Niedernstraße und Pumpen, in denen in den letzten Jahrzehnten der in allen Weltstädten nicht auszurottende Abschaum der Menschheit seine Zufluchtstätte fand; hier war der gegebene Schlupfwinkel der Verbrecher und Dirnen, denn die Höfe waren meist unterirdisch zugängig und hatten nach zwei Seiten Ausgänge. Die Wohnungsverhältnisse in dem Sanierungsgebiet waren so schlecht, wie sie schlechter kaum in den berüchtigsten Wohnvierteln europäischer Großstädte zu finden sind. Dem gesunden bürgerlichen Leben, wie wir es in jedem deutschen Hause verlangen sollten — und gerade heute und in Zukunft allen Ernstes verlangen müssen — fehlte hier jedwede Grundlage. Schlecht beleuchtet, niedrig, klein, dumpf, mit mangelhaften, zuweilen grauenerregenden Zugängen, konnten die Wohnungen keine Behaglichkeit, keine Wohnlichkeit, keine Erquickung auslösen; hier blieb kein Raum für die Betätigung erzieherischer Fürsorge der Eltern für die Kinder; hier mußte alles gesunde bürgerliche Leben im Keime ersticken. Wer hier hinein geboren wurde, wer hier hinein versank, mußte für die Menschheit für immer verloren sein.

Man teilte das Gebiet, welches gänzlich unzulängliche Wohnungen aufwies, in 3 Bezirke, nämlich in:

Wohnbezirk I in der östlichen Altstadt; er wird begrenzt von den Straßenzügen Hopfensack, Meßberg, Pumpen, Schützenstraße, Breitestraße, Schweinemarkt, Kurze Mühren, Lilienstraße, Pferdemarkt, Kattrepel;

Wohnbezirk II in der nördlichen Neustadt; er wird umgrenzt von den Straßenzügen Alter Steinweg, Brüderstraße, Kohlhöfen, Neustädter Neuestraße, Kaiser Wilhelmstraße, Neustädter Fuhlentwiete;

Wohnbezirk III in der südlichen Neustadt; er wird umgrenzt von den Straßenzügen Kraienkamp, Teilfeld, Herrengraben, Stubbenhuk, Vorsetzen, Johannisbollwerk, Hafentor, Eichenholz, Schaarmarkt, Kohlersweg.

Bezirk III wurde zuerst saniert und zwar, um ihn mit Rücksicht auf seine tiefe Lage durch Anschüttung hochwasserfrei zu legen. Die Arbeiten wurden im Jahre 1897 begonnen. Das Gebiet umfaßt 136 586 qm. Auf Baublöcke entfallen 109 710 qm, auf Straßen 26 876 qm, unbebaut sind noch 9427 qm. Es wohnten zu Beginn der Sanierung hier in 4800 Wohnungen 20 883 Einwohner, d. s. $\frac{20\,883}{136\,586}$ = 1520 Einwohner auf das ha. Zur Beleuchtung dieser Wohndichte muß noch bemerkt werden, daß es sich hier größtenteils um niedrige, höchstens zweigeschossige Bauten handelte. Nach der Sanierung wohnten hier 13 308 Einwohner = $\frac{13\,308}{136\,586}$ = 960 Einwohner auf das ha. Diese Einwohnerzahl ist immer noch sehr hoch. Es wohnen demnach jetzt 7575 Einwohner weniger hier = 37,24 %. Der weitere Zweck der Sanierung, den bisher hier wohnenden Hafenarbeitern gesunde Wohnungen zu schaffen, wurde nicht erreicht. Die Hafenarbeiter wanderten nach dem nahegelegenen Altona, nach dem Arbeiterviertel Hammerbrook, nach Eimsbüttel und nach Barmbek ab; die geschaffenen Verkehrsgelegenheiten begünstigten die Abwanderung und die nun neu hergestellten Wohnungen wurden hauptsächlich von kleineren Beamten und kaufmännischen Angestellten bezogen. Diese Sanierung hat die Stadt mit einem Verlust von rund 19,5 Millionen Mark durchgeführt.

Für den Wohnbezirk II, in welchem z. Z. 12 607 Einwohner wohnen, sind die Bebauungspläne noch nicht endgültig festgestellt, jedoch sind die Sanierungsarbeiten eingeleitet in der Weise, daß gelegentlich der Regulierung der Wälle zwischen Klostertor,

Millerntor, Hafentor und bei dem im Verkehrsinteresse erfolgten Durchbruch der 450 m langen Kaiser-Wilhelmstraße eine Anzahl Wohnungen mit ungenügenden Raumverhältnissen weichen mußten.

Der Beginn der Sanierung des Bezirks I wurde durch den Bau der Hochbahn bedingt und zwar durch Schaffung der 29 m breiten Mönckebergstraße. Der Bebauungsplan sieht 5 Verkehrsstraßen von 29 bzw. 17 m Breite und Wohnstraßen von 15 m Breite vor. Aber auch diese als Wohnstraßen vorgesehenen Straßenzüge werden mit Rücksicht auf ihre gute Lage zur Börse nur Geschäfts- und Kontorhäuser aufnehmen, sodaß in diesem Sanierungsgebiet die Wohnbevölkerung in weit höherem Maße weichen wird, als im Sanierungsgebiet III. Die bis jetzt ausgebauten Straßenzüge Mönckeberg-Straße, Spitalerstraße, Bugenhagenstraße sind ausschließlich mit Geschäfts- und Kontorhäusern besetzt worden. Für den Teil südlich der Steinstraße wurde im Jahre 1914 ein Architekturwettbewerb ausgeschrieben, der übereinstimmend eine gemischte Bebauung, bestehend aus 3 und 4 Zimmerwohnungen mit zwischengestreuten Geschäftshäusern bei (damals) 13—14 Millionen Mk. Baukosten ergab. Der dabei errechnete Bodenpreis von 500—600 Mk. pro qm wäre für Kleinwohnungsbau hier zu teuer.

Mit der Vollendung der Sanierung der vorgesehenen Bezirke I, II, III sind jedoch jegliche Gefahrpunkte in gesundheitstechnischer Hinsicht nicht beseitigt, denn die an diese Bezirke anschließenden Wohnbezirke sind zum Teil ebenfalls sanierungsbedürftig; es harren nach Vollendung der vorgesehenen Arbeit noch weitere Sanierungsaufgaben ihrer Lösung, als Folge jenes städtebaulich unglückseligen Systems der regellosen Bebauung.

Wenn die Sanierungsarbeiten in sozialer Hinsicht die unwürdigsten Wohnbezirke verschwinden ließen, bezw. diese verschwinden lassen sollen, so haben sie verkehrspolitisch auch noch den großen Vorteil gebracht, daß in dem engen Stadtkern in der Form von Straßendurchbrüchen eine Anzahl großzügig angelegter Verkehrsstraßen entstanden sind, an denen das Stadtinnere nicht übermäßig reich ist, und deren es dringend bedurfte. Von diesen Straßendurchbrüchen sind besonders der Durchbruch der Kaiser-Wilhelmstraße vom Rödingsmarkt nach dem Holstenplatz und der Durchbruch der Mönckebergstraße vom Hauptbahnhof nach dem Rathausmarkt zu erwähnen. Den ersten Durchbruch hat die Stadt mit einem Verlust von 4,4 Millionen Mk. ausgeführt, weil sie sich darauf beschränkte, nur den Grund und Boden für das Straßenland zu erwerben und daher die ihr verbleibenden kleinen Restgrundstücke, die kaum eine Bebauung zuließen, sehr schwer veräußern konnte. Bei dem zweiten Durchbruch jedoch kaufte die

Stadt das ganze Stadtviertel und legte neue Straßenfluchten fest. Die vorteilhaft geplanten neuen Baublöcke verkaufte die Stadt mit hohem Gewinn und deckte hieraus die sämtlichen Straßenbaukosten. Trotz der bisher ausgeführten Straßendurchbrüche ist das Stadtinnere noch nicht durch genügende Verkehrsstraßen erschlossen. Zunächst fällt die mangelhafte Straßenverbindung der aus dem Osten und Nordosten kommenden auf dem Rathausmarkt mündenden Radialstraßen mit der nach Westen führenden Radialstraße auf, denn Reeperbahn und Rathausmarkt sind nur durch die engen Straßenzüge Großer Burstah, Graskeller, Neuer Steinweg, bezw. Heiliggeisttor, Mühlenstraße miteinander verbunden. Diese beiden parallellaufenden Straßenzüge mit ihren jetzigen Abmessungen mögen in früheren Zeiten der Größe des damaligen Ortsverkehrs genügt haben. Heute sind sie für den von Westen nach Osten flutenden Verkehr gänzlich unzulänglich, da sie nur die Durchführung einer eingleisigen Straßenbahn gestatten. Ein weiterer Übelstand ist das Fehlen eines großzügigen Straßenzuges als Fortsetzung der aus dem Norden und Nordwesten kommenden, beim Dammtor einmündenden Radialstraßen mit der Führung zur Stadthausbrücke. Die Schaffung einer großzügigen Verbindung vom Dammtor nach der Stadthausbrücke ist ebenfalls eine zwingende Notwendigkeit. Die vorhandenen Höhenunterschiede können sehr leicht überwunden werden. Bei der Ausführung dieser Straßendurchbrüche würden zum Teil auch Wohngebiete berührt; die ebenfalls sanierungsbedürftig sind.

Mit dem starken Anwachsen der Bevölkerung am Ausgang des vorigen Jahrhunderts hat die Bautätigkeit nicht immer gleichen Schritt gehalten. Allein die Ausführung der Zollanschlußbauten am Ende der 80er Jahre bedingte die Räumung der Wohnungen von rund 24 000 Einwohnern, die meist ihre Beschäftigung im Hafen fanden. Die neuen Hafenanlagen, die in großemUmfange erbaut werden mußten, ebenso die bereits erwähnten Straßendurchbrüche ließen viele ältere Häuser im inneren Stadtteil verschwinden. Wenn auch in den äußeren Stadtteilen eine rege Bautätigkeit einsetzte, so haben dennoch die gewaltigen Umwandlungen im Stadtinnerern in Verbindung mit dem starken Anwachsen der Bevölkerung und der in den 90er Jahren vorherrschenden Krisis auf dem Geldmarkt eine Wohnungsnot hervorgerufen, die wie statistisch nachgewiesen, im Jahre 1894 einsetzte. Hauptsächlich entstand ein furchtbarer Mangel an Kleinwohnungen. Um diesem Mangel zu steuern, wurde im Jahre 1902 das Gesetz betr. „Die Förderung des Baues kleiner Wohnungen" erlassen. Das Gesetz erteilte der Finanzdeputation die Ermächtigung, bestimmte Staatsgrundstücke im öffentlichen Versteigerungsverfahren zur

Bebauung zu verkaufen, unter Eintragung des Kaufpreises als 4 %ige Rentenschuld und unter der Verpflichtung des Käufers, auf dem Grundstück Kleinwohnungen zu errichten. Den Erstehern dieser Grundstücke sowie auch sonstigen Erbauern von Häusern mit Kleinwohnungen konnten Hypothekendarlehen gegen 4 % Zinsen gewährt werden, sofern diese Hypotheken unter Hinzurechnung der im Range vorgehenden Belastungen den Preis des Bauplatzes zuzüglich 75 % des Feuerkassenwertes des Gebäudes nicht überschritten. Ferner wurde für alle Wohnungen solcher Art für die Dauer von zehn Jahren Grundsteuerfreiheit gewährt, solange der Mietzins den Betrag von 6 Mk. für das Quadratmeter lichter Wohnungsfläche nicht überstieg, und sofern das Gebäude innerhalb dreier Jahre nach dem Erlaß des Gesetzes in die Feuerkasse aufgenommen wurde. Das Gesetz gewährte aber außer diesen Vorteilen wirtschaftlicher Natur auch Befreiung von baupolizeilichen Beschränkungen, die in der Hauptsache darin bestanden, die Anzahl der von einer Treppe aus zugänglichen Wohnungen von 12 auf 16 zu erhöhen. Während in den sechs Jahren vor dem Erlaß dieses Gesetzes 8250 Kleinwohnungen erbaut wurden, betrug ihre Zahl in den folgenden sechs Jahren 47 193 Wohnungen. Es ist aber bezeichnend, daß alle die gebotenen wirtschaftlichen Vorteile nur von 56 Grundstücken mit 2893 Wohnungen in Anspruch genommen wurden; die gewaltige Steigerung ist daher nicht eine Folge der gebotenen wirtschaftlichen Vorteile; die Befreiung von den baupolizeilichen Bestimmungen ist nur von 14 289 Wohnungen, also von 30 % der erbauten Kleinwohnungen in Anspruch genommen worden, wobei zu berücksichtigen ist, daß die bereits erwähnten 2893 Wohnungen in jener Zahl enthalten sind, während 32 904 Wohnungen = 70 % von den Erleichterungen überhaupt keinen Gebrauch machten. Das Gesetz hat also nicht die Wirkung ausgelöst, die man von ihm erwartete, weil es die Übelstände des Hamburger Kleinwohnungsbaues, die in der Baupolizeigesetzgebung und der Bebauungsplanung wurzelten, nicht restlos beseitigte.

Eine der schwierigsten Fragen der Hamburger Siedlungspolitik ist die Unterbringung der Hafenarbeiter an geeigneten Stellen in der Nähe des Hafens. Bei der Erörterung der Frage muß zunächst betont werden, daß die Hafenarbeiter in zwei Klassen zerfallen, die Werftarbeiter und die Schauerleute.

Die Werftarbeiter sind an regelmäßige Arbeitszeit gebunden und können in beliebiger Entfernung von der Arbeitsstelle wohnen, wenn ihnen eine schnelle Verbindung geschaffen wird.

Die Arbeitszeit der Schauerleute ist von dem Ein- und Auslaufen der Schiffe, zum Teil also vom Flutwechsel abhängig, und von der

Tages- und Nachtzeit unabhängig. Die Schauerleute sind gewissermaßen Gelegenheitsarbeiter, da sie auf das Einlaufen der Schiffe warten. Die Schauerleute sind es also, die Wohnungen in der Nähe des Hafens brauchen.

Im letzten Friedensjahre waren im Hafen 21 800 Werftarbeiter und etwa 16 000 Schauerleute beschäftigt. Da aber auch ein Teil der Werftarbeiter Wert auf das Wohnen in unmittelbarer Nähe der Arbeitsstätte legt, so kann der Teil der Hafenarbeiter, dem Wohnungen in unmittelbarer Nähe des Hafens beschafft werden muß, auf rund 20 000 Arbeiter bemessen werden. Von diesen Arbeitern sind etwa $^{3}/_{10}$ unverheiratet, $^{7}/_{10}$ verheiratet; für letztere müssen somit 14 000 Wohnungen vorhanden sein. Bei einer Behausungsziffer von 4,4 müssen für 61 600 Menschen Wohnungen in der Nähe des Hafens bereit gehalten werden. Diese Zahl läßt die Bedeutung des Siedlungsproblems für die Hafenarbeiter erkennen.

Unter dem Zwange der Notwendigkeit hat sich der Staat wiederholt eingehend mit der Lösung vorstehender Frage beschäftigen müssen, wie aus einer Anzahl Senatsvorlagen an die Bürgerschaft hervorgeht. Der auf Grund der schon erwähnten Sanierungspolitik des Staates neu aufgebaute Wohnbezirk III (s. S. 49) am Hafen sollte in erster Linie den Hafenarbeitern menschenwürdige Wohnungen in nächster Nähe des Hafens verschaffen. Der Zweck den Hafenarbeiter hier anzusiedeln, wurde, wie schon bewiesen, nicht erreicht. Auch in der Senatsvorlage vom 11. November 1912, betreffend die Herrichtung von Arbeiterwohnquartieren am linken Elbufer, kommt der Gedanke zum Ausdruck, auf Hamburger Gebiet neue Wohngelegenheiten für die Hafenarbeiter zu schaffen. In Betracht kommen neben der Veddel, Flächen in Finkenwärder und ein in Hamburger Besitz befindlicher Landstreifen an der Harburger Landstraße. Auf der Veddel beabsichtigt der Senat, auf einer Fläche von 12,5 ha etwa 2000 Wohnungen für 8800 Menschen zu errichten. Es entfallen somit 704 Einwohner auf das ha. Eine ähnliche Siedlungspolitik verfolgt Hamburg in Finkenwärder, wie in der Senatsvorlage am 14. Februar 1913 zum Ausdruck kommt. Die hier zur Verfügung stehende Fläche hat eine Größe von 6,9 ha, von der auf Wohnplätze und öffentliche Gebäude 4,03 ha, auf Straßen- und Platzflächen 2,87 ha entfallen. Es sollen 1200 Wohnungen mit 5280 Einwohnern untergebracht werden, somit entfallen auf den ha 5280 : 6,9 = 765 Einwohner. Dieselben Verhältnisse wie auf der Veddel liegen auch hier vor, und ähnlich soll die Bebauung des dem Staate gehörigen 75 000 qm großen Geländes an der Harburger Landstraße erfolgen. Die drei Senatsvorlagen würden rund 19.300 Menschen Unterkunft verschaffen. Von allen Stadtteilen hat der Stadtteil

Neustadt-Süd mit 498 Einwohnern auf das ha die größte Dichtigkeit. Durch die geplante Bebauung würde die Wohndichte auf der Veddel um 41 %, in Finkenwärder um 53 % gegenüber Neustadt-Süd überschritten werden, wenn auch nicht zu verkennen ist, daß die Überschreitung hinter der Wohndichte des sanierten Wohnbezirks III, die mit 960 Einwohner auf das ha ermittelt wurde, erheblich zurückbleibt. Auch mit 704 bezw. 765 Einwohner auf das ha ist die Wohndichte noch unverhältnismäßig hoch. Sie muß schon aus hygienischen und städtebaulichen Gründen bekämpft werden; wenn aber Architekten und Ingenieure sogar noch den Vorschlag machen, auf dem Veddeler Baugelände nicht 2000 sondern 2800 Wohnungen für 15 000 Menschen zu errichten (s. neue Hamburger Zeitung vom 8. Februar 1913) d. h. 1200 Menschen auf den ha unterbringen wollen, dann werden bei der Verfolgung solcher Siedlungspolitik nur Wohngebiete geschaffen, die den Sanierungsgebieten wenig nachgeben.

Die aus den Senatsvorlagen sich ergebende hohe Wohnungsdichte erklärt sich aus dem Raummangel der auf dem Hamburger Gebiet für die Ansiedlung der Hafenarbeiter verfügbaren Flächen. Auf der rechten Elbseite sind verfügbare Flächen überhaupt nicht mehr vorhanden. Die Ansiedlung kann nur noch auf der linken Elbseite erfolgen. Aber auch hier grenzt bei den 14.8 km langgestreckten Hafenanlagen die Gemeinde Wilhelmsburg auf 8,25 km Länge von der Norderelbe bis zum Köhlbrand unmittelbar an den Hafen und dazu an die wichtigsten Teile des Hafens. Vom Köhlbrand ab verläuft die preußische Staatsgrenze noch 2,5 km nach Westen im Stromstrich des Köhlfleeth. Ist die Veddel und der Landstrich an der Harburger Landstraße bebaut, dann kommt nur noch die weitabgelegene der Gemeinde Klein-Flottbeck gegenüberliegende Elbinsel Finkenwärder, soweit sie dem hamburgischen Staat gehört, für die Ansiedlung der Hafenarbeiter in Betracht. Es muß aber bezweifelt werden, ob sich die flache Elbinsel zur gesundheitsmäßigen Ansiedlung bedingungslos eignet. Die Frage, wo der Rest der Hafenarbeiter zweckmäßig angesiedelt werden soll, kann nur gelöst werden, wenn preußisches Gelände in den Besiedlungsplan eingezogen wird. Dies muß namentlich dann geschehen, wenn der Hafenarbeiter nicht ausdrücklich in Mietskasernen, sondern auch im Kleinhaus untergebracht werden soll.

C. Gemeinnützige Bautätigkeit.

Die Siedlungsfrage ist aber zweifellos durch die gemeinnützige Bautätigkeit, die sich nur dem Bau von Kleinwohnungen widmet, mit allen Kräften gefördert worden. Nur die bedeutungsvollsten Unternehmungen, die sowohl als Stiftungen, als auf der Grundlage gemeinnütziger Baugesellschaften ins Leben gerufen sind, sollen hier Erwähnung finden. Zu nennen sind die Abraham-Philipp-Schuldt-Stiftung, die allgemeine deutsche Schiffszimmerer-Genossenschaft, der Hafenbetriebsverein Baugesellschaft m. b. H., die Hamburg-Amerika-Linie, der Konsum-Bau- und Sparverein Produktion e. G. m. b. H., die Gesellschaft für den Bau kleiner Wohnungen e. G. m. b. H., die preußische Eisenbahnverwaltung, vor allem aber der Bauverein Hamburg (vormals Bau- und Sparverein) Aktiengesellschaft. Die Genannten errichteten vorbildliche Siedlungsstätten mit ca 3500 Wohnungen in fast allen Stadtteilen, die von einer weniger bemittelten Bevölkerung bewohnt werden.

Die bisherige Behandlung des Hamburger Siedlungsproblems krankt zunächst an dem Umstand, daß Hamburg für sein Stadtgebiet einen völlig unzureichenden Generalbebauungsplan, der aus dem Jahre 1896 stammt, aufgestellt und an diesem festgehalten hat. In diesem wurden nur die Randstraßen festgelegt, während die Aufteilung in Baublöcke dem Bauunternehmer überlassen wurde, der meist nach geschäftlichen, und nicht immer nach städtebaulichen Gründen verfuhr. Bei dem beschleunigten Wachstum Hamburgs — die Bevölkerung der Stadt stieg von 570 534 Einwohner im Jahre 1890 auf 1 030 983 Einwohner im Jahre 1913 — war die Art der Handhabung einer so wichtigen städtebaulichen Tätigkeit, wie die Aufteilung der Baublöcke, gewiß keine mit stichhaltigen Gründen zu rechtfertigende Maßnahme. Das Problem der Siedlung ist hierdurch nicht gefördert worden, wohl aber haben die Bodenpreise durch diese Art der Handhabung eine große Steigerung erfahren, sehr zum Nachteil der gesundheitlichen Interessen der Mieter. Es hat ferner bisher an der klaren Erkenntnis der Notwendigkeit gefehlt, der Bevölkerung in weiträumiger Bebauung eine gesunde Wohnung zu verschaffen. Als die Linienführung der Stadtbahn festgesetzt wurde, war um die Bahnhöfe Hasselbrook und Barmbek herum freies Feld; das Gelände war jedenfalls so billig, daß durch entsprechende Maßnahmen (Ankauf von Gelände durch den Staat und zweckentsprechende Baubestimmungen) hier der Flachbau in vorbildlicher Weise hätte gefördert werden können. Dies ist leider verabsäumt worden, und beide Bahnhöfe sind jetzt von einem Kranz von hohen vier- und fünfstöckigen Mietskasernen umgeben. Auch in der Nähe des Hochbahnhofes Winterhude sind in den letzten Jahren solche Mietskasernen errichtet worden, trotzdem auch hier der Staat durch energisches Eingreifen die Siedlungspolitik im günstigeren Sinne hätte beeinflussen können.

Leider muß festgestellt werden, daß auch in den früheren Vorstädten z. B. Eimsbüttel, Rotherbaum, Barmbeck und Hamm das ehemalige zweigeschossige Dreifensterhaus allmählich der Mietskaserne weichen. muß. Der von den Hamburgern bisher so sehr beliebte westelbische Flachbau wird hier durch den ostelbischen Hochbau schrittweise verdrängt. Diese Verdrängung wird durch die bisherige Bauordnung begünstigt, wenn auch nicht zu verkennen ist, daß auch noch andere Ursachen mitsprechen. Der mit dem Jahre 1890 einsetzende schnelle Zuwachs der Bevölkerung steigerte die Nachfrage nach Wohnungen und somit den Wert des Bodens; denn der Wert des Bodens steigt erfahrungsgemäß nicht erst dann, wenn die Ausnutzung des Bodens wirklich geschieht, sondern schon bei der Möglichkeit, den Boden wirtschaftlich auszunützen. Bodenwert und Bodenpreis richten sich nach der Rente, die durch vorteilhafteste Bebauung erzielt werden kann. Die Rente wird, wenn das einzelne Grundstück betrachtet wird, im allgemeinen beim Hochbau größer als beim Flachbau. Der Umstand, daß die Kredit- und Hypothekenbanken ihre Gelder nur ungern auf kleinere Häuser ausleihen, da die Verwaltungskosten zu hohe werden, mag ebenfalls bei der Verdrängung der Flachbauten mitwirken.

D. Die Altonaer Siedlungspolitik.

Wenden wir uns noch kurz der Altonaer Siedlungstätigkeit zu. Die bisherigen Bestrebungen, die Siedlungsfrage befriedigend zu lösen, finden in zwei Maßnahmen ihren Niederschlag, in der zeitgemäßen Umgestaltung der Bauordnung und in der Aufstellung eines Generalbebauungsplanes. In beiden Maßnahmen wird, den bisherigen gesammelten Erfahrungen entsprechend, der Förderung des Kleinwohnungsbaues in weitem Maße Rechnung getragen, wenn auch in anderem Sinne als in Hamburg. Während die Bauordnung der 90er Jahre den Kleinwohnungsbau beschränkte, gab die Altonaer Kommunalpolitik mit der neuen Bauordnung vom Jahre 1910 den gegenteiligen Grundsätzen breiten Raum. In der jetzigen Bauordnnng werden nur drei Formen unterschieden, die geschlossene Bauweise mit den Baustufen A—E, die halboffene Bauweise mit der Baustufe F und die offene Baustufe G. Die Baustufen A und B ermöglichen die dichteste Bebauung mit dreiviertel bzw. zweidrittel. Die Baustufe C ermöglicht eine Bebauung zu zweidrittel, gestattet aber in jedem Geschoß nicht mehr als 2 Wohnungen von einer Treppe zugänglich zu machen. Baustufe D gewährt nur eine Bebauung der Grundfläche bis zur Hälfte. Baustufe E entspricht der Baustufe B, verbietet aber den Bau von Hinterhäusern zu Wohnzwecken. Bei der halboffenen Bauweise

(Baustufe F) darf eine Bebauung bis zur Hälfte erfolgen, gestattet den Bau von Einzelhäusern und Häusergruppen bis zu drei Gebäuden. Hier muß bemerkt werden, daß die halboffene Bauweise, wie hier vorgesehen, auch schon nicht mehr den heutigen städtebaulichen Anforderungen entspricht, da sie die Reihenhäuser aus schließt und den üblen Bauwich beibehält. Der Bauwich ist überhaupt keine deutsche Bauweise. Er ist aus dem römischen Einzelhause verpflanzt und hat nur einen Sinn für ein ringsum wirklich freistehendes Haus in einem großen Garten. Die offene Bauweise (Baustufe) endlich läßt eine Bebauung bis zu zweifünftel zu, umfaßt also den eigentlichen Landhausbau. In jeder Baustufe sind besondere Bestimmungen für Eckgrundstücke enthalten.

Abgesehen von dem Verhältnis zwischen bebauter und unbebauter Fläche sind noch in jeder Klasse Bestimmungen über Gebäudehöhe und Hofflächengröße getroffen, ferner sind Vorschriften über die Gebäudehöhe an Geschäftsstraßen und historischen Straßen erlassen worden.

Von wesentlicher Bedeutung ist, daß der Baupolizeibehörde und Bauberatungsstelle nach der Bauordnung ein erhöhter und zugleich maßgebender Einfluß auf die praktische Ausübung städtebaulicher Grundsätze eingeräumt ist; die Behörden sind in der Lage, beim Zusammentreffen der einzelnen Baustufen und Bauzonen einen architektonischen Ausgleich zu erzwingen. Ganz neu ist in der Altonaer Bauordnung die Zulassung von Hofgemeinschaften, deren Grenzen grundbuchlich sicher gestellt werden.

Die zweite Maßnahme, der Lösung der Siedlungsfrage näher zu kommen, ist in der Aufstellung des Generalbebauungsplanes erfolgt. Dieser Plan, das letzte große Werk, des auf dem Felde der Ehre gefallenen Stadtbaurats Sylvester, birgt in sich alle die städtebaulichen Gedanken, die eine aufstrebende Stadt, wie Altona allen Ernstes verwirklichen muß. Der Wert des Bebauungsplanes liegt in dem richtigen Erfassen der Verkehrsfragen, in der Schaffung geeigneter Hauptstraßenzüge mit auskömmlichen Breitenabmessungen, und in der geschickten Anordnung der Lage der Straßenbahn und Reitwege im Straßenquerschnitt, Was die Aufstellung des Bebaungsplanes wesentlich erleichterte, und die Durchführung beschleunigte war die Tatsache, daß die Stadt weitsichtig umfassende Geländeankäufe vornahm und gestützt auf ihren umfangreichen Grundbesitz nun die Wohnungspolitik durchführen kann. Durch geeignete Kaufverträge hat die Stadt es in der Hand, auf eine geräumige und gesundheitlich einwandfreie Bebauung einzuwirken; sie kann den Kleinwohnungsbau gerade in den Außenbezirken fördern, indem sie ihr dortiges billig erstandenes Land zu angemessenen Preisen verkauft oder in Erbpacht gibt. Die mit der

Kolonie Gartenhausgesellschaft an der Cranach- und Lehmbachstraße getätigten Bauverträge beweisen, daß die Stadt die richtigen Wege einschlägt.

Wenn Altona in der Siedlungsfrage auch alles das getan hat, was in seinen Kräften stand, so waren diese doch zu schwach, die unwürdigen Wohnungsverhältnisse im Süden seiner Altstadt, ähnlich dem Vorgehen Hamburgs, zu bessern. Hier finden wir leider ähnliche Wohnverhältnisse wie in den genannten drei Hamburger Wohnbezirken. Die Gesundung dieser Verhältnisse, die der Verwaltung Altonas so sehr am Herzen liegt, kann ohne staatliche Beihilfe kaum erfolgen. Altona muß sich hauptsächlich darauf beschränken, an anderen Stellen des Stadtgebietes an der Errichtung gesunder Wohnungen für die weniger bemittelte Bevölkerung mitzuwirken.

Die Wohnungsverhältnisse in Wandsbek und Wilhelmsburg sind im allgemeinen gesunde. Erwähnt soll jedoch werden, daß Wilhelmsburg für sein Gebiet bereits einen Gesamtbebauungsplan aufgestellt hat, Wandsbek aber noch nicht.

Wenn nun auch die bisherigen Bestrebungen im Siedlungswesen — die Milderung der bestehenden Übel und die Beseitigung der vorhandenen Mißstände — anerkannt werden, so genügen sie bei weitem nicht, um die Grundlage für Hamburgs Weltstadtsiedlungspolitik zu bilden. Würde auf Grund eines einheitlich gestellten Verkehrsplanes nun ein einheitlicher Bebauungsplan für die Weltstadt aufgestellt werden, so würde klar zu Tage treten, daß man ebensowenig wie auf dem Gebiet des Verkehrswesens auch auf dem Gebiet des Siedlungswesens die Mitwirkung der preußischen Gemeinden entbehren kann. Und wenn Otto Marsch bei der Prüfung des Projektes betreffend die Regulierung des oberen Alstertales und dessen Besiedlung äußerte, daß dieses Projekt nur durch das Zusammenarbeiten mit den preußischen Gemeinden restlos zu lösen sei, dann dürfte wohl im Zusammenhang mit den bisherigen Ausführungen die Beweisführung genügen, daß Hamburg nicht nur für seine Verkehrsanlage, sondern auch für seine räumliche Ausdehnung auf die preußischen Gemeinden angewiesen ist.

III. Abschnitt.

Die weiteren Grundlagen zur Lösung der weltstädtischen Siedlungsfrage Groß-Hamburgs.

Die notwendigen Grundlagen für die planmäßige Gestaltung der Weltstadt Hamburg lassen sich außer nach den bereits erörterten verkehrstechnischen Grundzügen nach drei weiteren Hauptzielen gliedern:

A. eine gesunde wirtschaftliche Grundlage für die Besiedlung des gesamten Wirtschaftsgebietes Groß-Hamburgs zu finden unter sachgemäßer und zweckdienlicher Scheidung von Verkehrs- und Wohnstraßen.

B. der gesundheitlichen Forderung Rechnung zu tragen, durch Schaffung gesunder Wohnungen und Schaffung von Grünflächen und Freiflächen.

C. künstlerische Werte zu formen, die, dem innersten Wesen der Kaufmannsrepublik entsprechend, den Weltstadttypus zum Ausdruck bringen und ihm den Stempel wahrer Kulturarbeit aufdrücken.

Diese Forderungen können nicht hintereinander, sondern nur gleichzeitig neben- und ineinander ihre Würdigung, Lösung und Überwindung finden.

A. Der Aufbau auf wirtschaftlicher Grundlage.

Die wirtschaftliche Grundlage stützt sich auf die Lösung zweier Fragen: der Baufrage und der Grundstücksfrage; die Lösung der ersten Frage ist wiederum abhängig von den beiden Elementen: Bauordnung und Bebauungsplan.

Die Elemente der wirtschaftlichen Grundlage der Weltstadtbildung sind also: Bauordnung, Bebauungsplan und Grundbesitz. Sie stehen in zwangsläufigen Abhängigkeiten zueinander. Die Unwirtschaftlichkeit des einen Elementes verhindert das andere, wirtschaftlich zu sein. Bei diesen drei Faktoren hängt die Wirtschaftlichkeit des Grundbesitzes von dem Bebauungsplan und die Wirtschaftlichkeit dieses von der Bauordnung ab. Die letztere ist es also, die in erster Linie wirtschaftlich bestimmend, aber auch formbestimmend auf die Gestaltung der Weltstadt wirkt.

Soll nach großen einheitlichen Gesichtspunkten auf wirtschaftlicher Grundlage die Weltstadt Inhalt und Gestalt gewinnen, so sind einheitliche Bauordnungen für das ganze Wirtschaftsgebiet Vorbedingung. Hieraus folgt, daß die Hamburger Baugesetzgebung und die Ortsbaugesetze der preußischen Gemeinden auf einheitliche Grundlage gestellt werden müssen. Das Groß-Hamburger Baugesetzwesen muß folgerichtig von Grund auf neu geordnet werden; die Neuordnung gipfelt in de Schaffung eines einheitlichen, neuzeitlichen, das ganze Wirtschaftsgebiet erfassenden Baurechtes und Baupolizeirechtes. Auf der einheitlichen Baugesetzgebung aufbauend, müssen auch die auf Grund des Verkehrsplanes aufzustellenden Bebauungspläne für das ganze Wirtschaftsgebiet einheitlich gestaltet werden. Der Bebauungsplan kann von der Bauordnung nicht getrennt werden. Da sowohl die Handhabung der Rechtsmaterie auf baulichem Gebiete, wie auch die Planung und Durchführung der Bebauungspläne einheitlich sein müssen, so wird durch diese Forderung wiederum die Schaffung einer Zentralbehörde bedingt — etwa eines Städtebauamtes — der auch die gesamte Baupolizei unterstehen muß.

Die Grundbedingung für die weitere Gestaltung der Weltstadt ist somit eine das ganze Wirtschaftsgebiet erfassende einheitliche, den heutigen Forderungen entsprechende Neugestaltung des Siedlungswesens Groß-Hamburgs.

1. Die Bauordnung.

Die das ganze Wirtschaftsgebiet umfassende rechtsgültige Bauordnung, kann nur im engstem Zusammenhang mit dem allen neuzeitlichen Anforderungen entsprechenden Generalbebauungsplan unter Beteiligung der preußischen Gemeinden entworfen werden, denn Bauordnungen und Bebauungsplan stehen in den engsten Wechselwirkungen zueinander.

Der Grundpfeiler der Bauordnung muß eine einzige Hauptbauordnung sein, die sich in einigen wenigen Hauptbauklassen erschöpfen muß. Diese Hauptbauklassen müssen dem Weltstädtecharakter ganz besonders Rechnung tragen, und zwar muß eine scharf unterschiedliche Behandlung von Geschäfts-, Industrie-, Hafen- und Wohnungsbauten eintreten.

Die Hauptbauklasse des Geschäftshausbaues muß auf die Geschäftsstadt beschränkt bleiben. Hamburgs eigentliche

Geschäftsstadt ist der ehemalige Stadtkern, die Stadtteile Altstadt und Neustadt; sie dehnt sich aber auch schon nach Nordosten auf den Stadtteil St. Georg aus, in welchem an den verschiedensten Straßenzügen bereits reine Geschäftshäuser entstanden sind.

Es liegt im wirtschaftlichen Interesse, die Geschäftsstadt auf engem Raume zusammen zu drängen, um eine Verkürzung der wagerechten Wege zu erreichen, die wiederum zu einer Zeitersparnis führt. Dieser Grundsatz führt dann zu einer starken Ausnutzung des Stadtkerns in vertikalem Sinne. Die Bauordnung darf daher der Geschäftsstadt eine weit größere zulässige Bauhöhe zubilligen als der dichtbevölkerten Baustufe der Wohnhausklasse. Die Bauklasse wird, dem Wesen der Geschäftsstadt Rechnung tragend, auch andere Bestimmungen für das Verhältnis der Straßenbreite zur Gebäudehöhe festsetzen als solche, die für die Wohnklasse im allgemeinen maßgebend sind. Am Hafen, wo der Lichteinfall ein unbehinderter ist, kann unbedenklich eine Anzahl weiterer Geschosse zugelassen werden; einige Turmbauten würden sogar das Stadtbild am Hafen vorteilhaft beleben. Die Ausnutzungsbeschränkungen für die Höfe, die Zulässigkeiten für Hintergebäude, Lagergebäude und dergl., müssen hier ebenfalls weit flüssiger sein, als für die Wohnhausklasse. Andererseits sind besondere Vorschriften über Gründungsmaßregeln, Feuerschutz, für die Sicherheit und Leichtigkeit des Verkehrs auf Treppen, Gängen, Einfahrten, Durchfahrten und dgl. am Platze.

Die Hauptbauklasse des Industrie- und Hafenbaues soll wiederum nur auf das der Industrie und dem Hafenbau vorbehaltene Gelände Anwendung finden. Die Bauordnung darf dieser Klasse ebenfalls keine Beschränkungen in der Ausnutzung des Geländes im vertikalen Sinne auferlegen. Sie muß den Fabrikbau in den zulässigen Grenzen möglichst begünstigen, hier aber wieder auf dem Gebiete der Hygiene besondere gesundheitliche Forderungen an die Versorgung mit Luft, Licht, Sonnenstrahlen, Trinkwasser, Schutz vor Kälte, Wärme und Feuchtigkeit stellen. Im Fabrikraum, wo unter Umständen dauernd größere Menschenmassen auf verhältnismäßig geringer Raumfläche arbeiten und je nach dem Herstellungs- und Arbeitszweig schädliche Einwirkungen auf den menschlichen Körper auftreten können, ist die Verminderung der Volkskraft eine Gefahr, zu deren Abwendung die Bauordnung mit berufen ist.

Die Hauptbauklasse des Wohnungsbaues muß eine gänzlich neue Behandlung erfahren. Das Bebauungsplangesetz vom Jahre 1892, seinem Wesen nach eine Art Staffel-Baugesetz, welches bei seinem Erlaß einen großen Fortschritt bedeutete — in Preußen wurden die ersten Staffelbauordnungen erst in der Mitte der neunziger Jahre des vorigen Jahrhunderts erlassen, — genügt aber heute im Verein mit dem Baupolizeigesetz längst nicht mehr den Anforderungen, die der moderne Städtebau an die Bauordnung einer in so gewaltigem Aufblühen befindlichen Stadt wie Hamburg stellt; mit dem Kampf gegen die Ausnutzung der Wohnhöfe, wie es im Bebauungsplangesetz geschehen, ist es allein nicht getan.

Den heutigen Bestrebungen entsprechend, muß gerade im Wohnungsbau, wenn er wirtschaftlich sein soll, an Stelle der geringen Baustufenzahl eine Vielseitigkeit und Verschiedenheit eintreten, schon aus dem Grunde, um nicht allzugroße Wirtschaftswerte, die auch teilweise im Grundbesitze ihre Stütze finden, zu vernichten. Die verlangte Vielseitigkeit führt folgerichtig zur weitausgedehnten Staffelbauordnung. Jeder Staffel muß eine besondere Grundform entsprechen. Je vielseitiger die Staffelbauordnung ausgebaut ist, um so mehr nähert sie sich der wesenswahren Grundlage, auf der sie sich aufbauen muß. Es ist nicht zu verkennen, daß mit der Vielheit und Verschiedenheit der Bauweise leicht die Gefahr der Unruhe und Verwirrung auftreten kann, die zu umgehen eine besondere Aufgabe der örtlichen Abgrenzung der einzelnen Baustufen und ihrer Unterstufen ist. Die Verschiedenheit muß hauptsächlich in der wechselnden Geschoßzahl (5—1½), in der wechselnden Hofgröße 80—20 % des Grundstückes in der geschlossenen, halboffenen und offenen Bauweise, im Gruppen- und Reihenbau, und in anderen Verschiedenheiten ihren Ausdruck finden.

Eine besondere Begünstigung in der Staffelbauordnung muß dem Kleinwohnungsbau zuteil werden, denn 67 % aller Steuerzahler — werden noch alle Nichtsteuerzahler hinzugerechnet, so erhöht sich der Prozentsatz auf 82—85 % — sind auf Kleinwohnungen angewiesen. Die Begünstigung muß, soweit die Bauordnung in Frage kommt, in der Gewährung von Konstruktionserleichterungen ihren Ausdruck finden.

Die Wirtschaftlichkeit der Kleinwohnungen hängt aber nicht allein von der Bauordnung, sondern auch von dem Bebauungsplan und dem Grundbesitz ab. Nur bei geringen Bodenpreisen und niedrigen Aufschließungskosten ist das Kleinhaus, d. h. das Wohnhaus für ein, zwei, höchstens drei wenig bemittelte Familien wirtschaftlich möglich. Bei mittleren Bodenpreisen und mäßigen Aufschließungskosten bedürfen die Hausformen, um wirtschaftlich zu sein, einer Größe, die zwischen dem Kleinhaus und der Mietskaserne liegt. Auch solche Hausformen erscheinen für die weltstädtischen Kleinwohnungen durchaus annehmbar. Hohe Aufschließungskosten — etwa schwierige Gründungsmaßregeln — können auch bei mittleren Bodenpreisen die wirtschaftliche Notwendigkeit der unerwünschten Mietskasernen rechtfertigen, damit nicht die auf die einzelnen Kleinwohnungen zu verteilenden Kosten Mietspreise von übertriebener Höhe zur Folge haben. Die Besiedlung hängt folgerichtig also von dem Rohlandspreis einerseits und der Differenzierung der Haupt- und Nebenstraßen, der Art der Straßenbefestigung, den Kosten der städtischen Leitungen, kurz von den Aufschließungskosten andererseits ab. Abgesehen von den allgemeinen Vorschriften über die Standfähigkeit, den Feuerschutz, die Sicherheit und Leichtigkeit des Verkehrs, die gesundheitlichen Forderungen, muß die Bauordnung in verschiedenen Bauklassen flüssige Grenzen lassen über das Zurücktreten der Bauten hinter die Baufluchtlinie, über Grundstückseinfriedigungen, über Brandmauern, deren Gemeinsamkeit den Bau des kleinen Hauses erleichtert, über zulässige Vorbauten in Vorgärten, erwünschten Wechsel in der Bauwichbreite, ein erwünschtes Maß an Freiheit im inneren Bau des Einfamilienhauses, eine erwünschte Zulassung des Reihenhauses für Einfamilienhäuser unter bestimmten Beschränkungen auch in der Bauklasse, die den zweigeschossigen Bau vorschreibt und Zulassung des Dachgeschoßausbaues zu Wohnräumen gewährt, über wirksame Freihaltung des Blockinnern durch rückwärtige Baulinien, über Begünstigung des Entstehens von Spielplätzen im Blockinnern usw. Besonders aber können unter Beibehaltung des für eine bestimmte Bauklasse gestatteten Ausnutzungsgrades blockweise oder nach kleinen Bezirken die Bauvorschriften gewissen örtlichen oder künstlerischen Wünschen angepaßt werden. Eine solche Vorschrift würde die einzelnen Gemeinden, die dem Großwirtschaftsverbande angehören, vor besonders anziehende Aufgaben stellen. Eine angemessene Unterbrechung des Schemas kann auch in der abgestuften Bauordnung nicht warm und lebhaft genug empfohlen werden. Gerade die Klasse des Wohnungsbaues muß dauernd ein fortschrittlicher Geist durchwehen.

Die Wirtschaftlichkeit erheischt es, daß auch die Abstufungen der Konstruktionsvorschriften (Mauerstücke, Treppen, Gänge, Durchfahrten, Brandmauern, Stockwerkshöhen usw.) für große, mittlere und kleine Häuser den wahren Verhältnissen mehr als bisher angepaßt werden.

Die Abfassung einer Bauordnung für ein Gebiet von mehr als 70 000 ha ist daher eine Aufgabe, die an den Entwerfenden die Anforderung einer ungeheueren Spannkraft stellt.

2. Der Bebauungsplan.

Der Bebauungsplan ist das zweite Element der wirtschaftlichen Grundlagen, auf die der Weltstadtaufbau sich stützen muß.

Vom Standpunkt des Gesetzgebers entsteht die Frage, was der Inhalt des Bebauungsplanes sein soll. Die preußische und badische

Gesetzgebung machen nur die Festlegung der Straßen- und Baufluchtlinien zum Gegenstand des Bebauungsplanes. Das sächsische Allgemeine Baugesetz faßt den Rechtsbegriff des Bebauungsplanes bedeutend weiter. Nach ihm werden im Bebauungsplan der Abstand der Gebäude von den Straßenfluchtlinien und den Nachbargrenzen, die Gebäudehöhe, die Zulässigkeit der gewerblichen Anlagen, sowie der Umfang der zulässigen Bebauung des Hinterlandes bestimmt. Auch die Unter- und Überführung von Straßen, die Entwässerung des Plangebietes, endlich Berichtigung von Wasserläufen sind Rechtselemente des Bebauungsplanes. Im sächsischen Recht ist Wesenverwandtes und unmittelbar Zusammengehöriges zu einer einheitlichen Rechtsquelle vereinigt; im preußischen und badischen Recht sind die Rechtsbegriffe in Fluchtlinienplan und Polizeiverordnungen künstlich auseinandergezerrt. Das Hamburger Bebauungsplangesetz vom Jahre 1892 steht bezüglich seiner Rechtsgrundlage in der Mitte zwischen dem preußischen Fluchtliniengesetz und dem sächsischen allgemeinen Baugesetz, da es nur Bestimmungen über Straßenlinien, Straßenhöhen, Baulinien, vordere, hintere und seitliche Baulinien und sonstige Beschränkungen in der Bebauung und Ausnutzung des Grundeigentums vorschreibt. Diese Rechtslage erklärt sich aus der geschichtlichen Entwicklung der Hamburger Baugesetzgebung, da das Bebauungsplangesetz als eine Ergänzung des bestehenden Baupolizeigesetzes entworfen werden mußte.

Die gesetzgeberische Grundlage, mag sie nun hier weiter, dort enger begrenzt sein, läßt das Wesen des Bebauungsplanes erkennen. Er soll gestützt auf die Bauordnung, bei der gesteigerten Wachstumgeschwindigkeit der Großstadt, Ordnung und Gesetz in die weitere Gestaltung des Stadtaufbaues bringen, unter Berücksichtigung von wirtschaftlichen, sozialen, gesundheitlichen und künstlerischen Forderungen.

Schumacher unterscheidet in seinem Werk „die Kleinwohnung" zwei Arten von Bebauungsplänen, den durchmodellierten und den elastischen Bebauungsplan.

Die erste Art — der durchmodellierte Bebauungsplan — ist da am Platze, wo es sich darum handelt, ein bestimmtes Gelände für klar und deutlich umrissene Zwecke zu behandeln, wo jede Baustelle und jede Baumasse so festgelegt wird, wie sie am zweckmäßigsten ist.

Die Bebauungspläne der achtziger Jahre, wo die einheitliche Bauordnung (eine einzige Bauklasse) die Plangestaltung insofern beherrschte, als sich aus der einheitlichen Bauordnung nur die einheitliche Blockgestaltung als Normalblock mit seinen Unterarten entwickelte, ließen sich für fast unbegrenzte Geländeflächen entwerfen. Mit dem durchmodellierten Bebauungsplan haben jene Bebauungspläne nur die Möglichkeit der festen Blockgestaltung gemeinsam.

Die ausschließliche Anwendung dieser Art von Bebauungsplänen ist für die städtebauliche Behandlung bei den großstädtischen Entwicklungsformen nicht mehr angängig. Die Entwicklung der schnellwachsenden Großstadt vollzieht sich doch nicht in dem Rahmen, daß überall die wirklichen Gestaltungen festgelegt werden können, oder daß das Material zum Schaffen überall vorhanden ist.

Die Gestaltung der Großstadt, vor allem der Weltstadt, liegt daher in der zweiten Art, dem elastischen Bebauungsplan. Er ist überall dort angebracht, wo die Art der späteren Bebauung noch nicht feststeht. Nur die wichtigen Straßen werden dabei sichtbar in der Bebauungsplan eingetragen, die weitere Aufteilung der großen Baublöcke zwischen ihnen wird indessen, der Öffentlichkeit unzugänglich, nach den verschiedensten Möglichkeiten durchgearbeitet. Welche dieser Möglichkeiten später zur Ausführung kommt, entscheidet sich erst bei Beginn der Bebauung, wenn die Verhältnisse klar zu übersehen sind. Zu diesem Zeitpunkt wächst dann aus dem elastischen Bebauungsplan für jenen zu bebauenden Geländeausschnitt der durchmodellierte Bebauungsplan.

Wie der frühere Bebauungsplan sich systematisch auf die frühere Einheitsbauordnung aufbaute, so ist der elastische Bebauungsplan in seinem Wesen eine Folgeerscheinung der starken Differenzierung der Staffelbauordnung.

Die hinteren Baulinien, die nicht zu umgehen sind zur Verhinderung von Innen- und Schlitzhöfen und einer zu tiefen gesundheitsschädlichen Bebauung, sind bei diesem System nicht zeichnerisch festzulegen, da weder die Bebauungsart — größere Wohnungen erfordern eine größere Bautiefe als kleine, bei denen die Zimmer kleiner zu sein pflegen — noch die Blockteilung feststeht. Die Tiefenmaße der hinteren Baulinie werden, den Abstufungen der Größe der Wohnung entsprechend, gesetzlich festgelegt.

In diesem System des elastischen Bebauungsplans liegt nicht nur ein gewaltiger Fortschritt gegenüber dem üblichen Verfahren, es ist darin vielleicht, neben weitgehender Beschränkung der Geschoßzahl, der Weg bezeichnet, wie künftig die in der Bebauung der großstädtischen Außenquartiere zutage getretenen schweren Übelstände zu vermeiden sind.

Der im Jahre 1896 aufgestellte Generalbebauungsplan Hamburg , der ebenfalls nur die Hauptverkehrsstraßen, die Hauptstraßen, Eisenbahnen und Kanäle festlegte, beruht nicht auf dem System des elastischen Bebauungsplanes, weil außerhalb der Verkehrsstraßen die weitere Entwicklung der Plangestaltung vornehmlich dem Grundstückseigentümer vorbebalten blieb, die hier der Öffentlichkeit entzogen dem berufenen Plangestalter selbst in die Hand gelegt wird. Daher entspricht auch der damalige Bebauungsplan heute nicht mehr den an ihn zu stellenden Anforderungen.

Die Städte Altona und Harburg, sowie die Gemeinde Wilhelmsburg haben für ihre Gemeindebezirke reifere, den heutigen städtebaulichen Bestrebungen entsprechende Bebauungspläne aufgestellt.

Mit diesen nur dem eigenen Interesse der Gemeinden dienenden Planungen ist der Weltstadt bei der Verfolgung des Gedankens des geschlossenen und einheitlichen Aufbaues nicht gedient. Die wirtschaftlichen Interessen der einzelnen Gemeinden fließen in dem Wirtschaftsgebiet zu sehr ineinander, als daß jedes Gemeindewesen für sich seinen eigenen Aufbau auf baulichem Gebiete restlos und losgelöst von der großen gemeinsamen Sache bestimmen könnte. Die Aufstellung eines Generalbebauungsplanes für das ganze Wirtschaftsgebiet auf Grund der das ganze Gebiet deckenden Bauordnung ist daher Grundbedingung. Daß diese Aufgabe nur von der bereits verlangten Zentralstelle aus, dem Städtebauamt, gelöst werden kann, ist selbstverständlich.

Diese Darlegungen allgemeiner Art vorausgeschickt, muß der Bebauungsplan, aufbauend auf der Bauordnung, dem Wesen der Geschäftsstadt, der Industrie und Hafenstadt und der Wohnstadt Rechnung tragen und das Abhängigkeitsverhältnis zwischen Straßen, Plätzen, Baublöcken und Freiflächen zum Ausdruck bringen.

In der Geschäftsstadt müssen die Verkehrsstraßen vorherrschen. Der Bebauungsplan hat sie in der notwendigen Breite vorzusehen, er hat ferner aber auch auf Verkehrsverbesserungen Bedacht zu nehmen, die meist in Gestalt von Durchbruchsstraßen zu planen sind. Es ist bereits an anderer Stelle nachgewiesen worden, daß die Hamburger Geschäftsstadt an genügend breiten Geschäftsstraßen arm ist und zur glatten Verkehrsabwicklung noch einer Anzahl Durchbruchstraßen außer den bereits angelegten bedarf.

In dem Industrieviertel sind andere Bedingungen zu berücksichtigen als in der Geschäftsstadt. Hier sind die Srtaßen nach Richtung, Breite und Ausstattung, die Baublöcke nach Lage, Größe und Gestalt den besonderen Anforderungen anzupassen. Einzelne Straßen müssen Anschlußgleise aufnehmen, einzelne Blöcke von Industriegleisen zweckentsprechend geschnitten werden. Jedes Grundstück muß durch einen Bahnanschluß möglichst aber auch durch einen Wasseranschluß erreichbar sein. Die Ausweisung kann demnach nur Hand in Hand mit dem Baubedürfnis erfolgen.

Die Ansiedlung der Klein-Industrie wird sich nun nicht immer da vollziehen, wo der Großindustrie ihre Stätte zugewiesen wird, sondern auch in den sogenannten, in absehbarer Zeit nicht gänzlich zu umgehenden gemischten Vierteln. Für diese Stadtteile sowie für solche, welche unmittelbar an Fabrikgebiete grenzen, müssen besondere hintere Baulinien, die Industriebaulinien festgesetzt werden. Unter Industriebaulinien versteht man solche baupolizeiliche Vorschriften, durch die in einem bestimmten Abstande von den Straßenfluchtlinien Baulinien festgesetzt werden, über die hinaus Industrieanlagen nicht errichtet werden dürfen, die also die Industrieanlagen im Hinterlande der Straßen halten und gleichlaufend mit den Straßenfluchtlinien eine Zone schaffen, die nur dem Wohn- und Geschäftshausbau vorbehalten bleibt. Diese an sich so wichtigen Vorschriften haben bisher nur in sehr beschränktem Maße ihre gesetzliche Regelung, leider daher nur spärlich Aufnahme in den Bauordnungen gefunden. Die Hamburger Baugesetzgebung kennt die Industriebaulinie nicht, sie sollte aber ein wichtiges Glied neuzeitlicher Baugesetzgebung werden.[1])

Zwischen den Verkehrsstraßen, von diesen umrahmt, verbleiben abgesehen von der Geschäftsstadt und Industriestadt, Geländeflächen, die für das eigentliche städtische Wohnen bestimmt sind. Hier in den Wohnvierteln tritt die Bauklasseneinteilung erst eigentlich in ihr Recht, die Abstufung der Baubeschränkungen nach den Wohnbedürfnissen der verschiedenen Bevölkerungsschichten.

Die Frage, nach welchen Gesichtspunkten der Blockzuschnitt zu geschehen habe, hängt, abgesehen von der Bauordnung, aufs

[1]) In Aachen sind in § 15 der Bauordnung vom 1. Juli 1914 hinsichtlich der Benutzung der Gebäude usw. bezw. der Stellung der Industriebauten zur Baufluchtlinie 3 Arten von Stadtvierteln unterschieden worden, und zwar a) Wohnviertel, b) gemischte Viertel und c) Fabrikviertel. In den Wohnvierteln müssen Betriebsstätten von der Baufluchtlinie einen Abstand von 50 m, in den gemischten Vierteln müssen in der Regel nachteilige Betriebe von der Baufluchtlinie einen Abstand von 30 m einhalten. Bei vorhandenen Anlagen können Änderungen und Erweiterungen auch zugelassen werden, wenn diese Bedingungen nicht erfüllt sind. Hierdurch bleibt die gleichlaufend mit den Straßenfluchtlinien geschaffene Zone dem Wohn- und Geschäftshausbau vorbehalten. Im Fabrikviertel sind dagegen Einschränkungen für An- und Hinterbauten, die Wohnzwecken dienen, hinsichtlich des Abstandes von der Nachbargrenze vorgesehen.

In Düsseldorf sind an mehreren Straßen, welche an Fabrikgebäude grenzen und an denen unmittelbar eine Fabrikwohnung vermieden werden soll, hintere Bebauungsgrenzen festgesetzt (30 m Abstand von der Baufluchtlinie), bis zu denen keine Fabrikbauten errichtet werden dürfen. Die Streifen zwischen Baufluchtlinie und hinteren Bebauungsgrenzen dürfen im allgemeinen nur mit Wohnhäusern oder mit Häusern, die neben Wohnungen auch Geschäftsläden enthalten, bebaut werden.

innigste mit dem großen Ziel der auch auf wirtschaftlichem Boden fußenden Wohnungsreform zusammen.

Trotz der Klarheit des Zieles gehen die zu beschreitenden Wege hier noch weit auseinander.

Das heute im Vordergrunde der Bestrebungen stehende Ideal, das Streben nach dem Bau und dem Besitz des Einfamilienhauses, ein Streben, welches durch den Krieg in der Kriegerheimstättenbewegung eine mächtige Förderung erfahren hat, ist ein an sich hochstehendes sozial-wirtschaftliches Ziel.

Andererseits erschweren die heutigen Arbeitsverhältnisse nicht nur dem Arbeiter, sondern auch einem großen Teil der Angestellten, ein dauerndes Seßhaftmachen. Die Ungebundenheit und das Gesetz der Freizügigkeit steht ihnen meist über dem Streben nach dem Besitz der eigenen Scholle. Daher wird das großstädtische Mietshaus, auch späterhin eine Notwendigkeit bleiben.

Das Ziel der Wohnungsreform kann sich daher nicht auf einer einzigen Linie bewegen, eine ganze Reihe von Wegen müssen zum Ziele führen.

Das nach der Höhe entwickelte Mietshaus wird sich nicht ganz verdrängen lassen. Es ist aber schon an einer Reihe von Beispielen in der Fachliteratur und in praktischer Ausführung gezeigt worden, daß dem hohen Mietshaus ohne wirtschaftlichen Nachteil Gleichartiges in niedrigerer Stockwerkzahl an die Seite gestellt werden kann. Diese Versuche sind aber nur dort von Erfolg gekrönt gewesen, wo es sich um die Behandlung großer Flächen, etwa ganzer Baublöcke handelte. Dort wo die Bebauung des Blockes schon eingesetzt hat, oder gar dort, wo es sich um die Schließung von Baublöcken handelt, muß das System versagen, weil ihm hier die Auswirkung in genügendem Maße fehlt. Die Wohnungsreform kann sich hier nur unter Beibehaltung der bisherigen Höhenentwicklung auf dem Gebiet der Gebäudegestaltung betätigen, das großstädtische Mietshaus kann nur nach dieser Richtung hin reformiert werden.

So entstehen drei große Gruppen von Wohnungsbauten, das großstädtische Zinshaus, das Einfamilienhaus, oder das Kleinhaus, und zwischen beiden das sogenannte mittelstädtische Drei- und Vierfensterhaus; alle drei Gruppen sind denkbar und unter gewissen Voraussetzungen und Bedingungen ausführbar und wirtschaftlich berechtigt, wie bereits bewiesen wurde.

Zwischen diesen drei Gruppen werden sich noch andere Formen teils nach der einen teils nach der anderen Seite hin entwickeln, deren Entwicklungsmöglichkeiten nicht unterbunden werden dürfen. Allen diesen Entwicklungsmöglichkeiten muß der Bebauungsplan beim Aufbau der Wohnstadt in den zweckmäßigen Formen — ob in offener oder geschlossener Bebauung im Gruppen- oder Reihenbau — Rechnung tragen.

Die Straßen werden unterschieden in Verkehrs- und Wohnstraßen oder Haupt- und Nebenstraßen.

Bei den Verkehrsstraßen ist bezüglich der Breitenbemessung eine Abhängigkeit zwischen der Straße und dem angebauten Haus nicht vorhanden; losgelöst von jener Abhängigkeit fordert der Verkehr, seiner Aufgabe und Größe entsprechend, von der Straße sein Recht; dementsprechend muß die Breitenbemessung gewählt werden.

Die Breitenbemessung der Wohnstraßen steigt und fällt mit der Höhe des Hauses an der Straße, um den Anwohner mit genügend Licht und Luft zu versehen. Der durch die Anwohner der Straße hervorgerufene Verkehr ist um so geringer, je weniger Anwohner vorhanden, je niedriger die Häuser sind. Wirtschaftlich wird also die Straße hier, wenn sie den Anforderungen, die der Durchgangsverkehr an sie stellt, entzogen wird. Der Verkehr muß also in bestimmte Richtungen gelenkt werden — in die Verkehrsstraßen — während die Wohnstraßen nur nach dem Gesetz des Baues der Häuser angelegt zu werden brauchen.

Diese Überlegungen führen von selbst zu dem grundlegenden Unterschied zwischen Verkehrs- und Wohnstraßen, dem die wenigsten Bauordnungen gerecht werden. Auch die im Hamburger Baupolizeigesetz festgesetzte geringste Straßenbreite von 8 m ist für Kleinwohnungsquartiere, für Flachbau viel zu hoch bemessen. Die so festgesetzte Straßenbreite wirkt unter Umständen sogar unwirtschaftlich. Die Breitenbemessung der Straße muß nach der Zweckbestimmung erfolgen und wird demnach verschieden sein. Für die Fuß- oder Gartenwege in Kleinhaussiedlungen genügt eine Breite von 2,50—3 m. Für kurze Straßen genügt ein Fahrdamm von 4—4,50 m mit einer Bürgersteigbreite von 1,50 m; 5 m Breite genügen vollkommen in den meisten Fällen, wozu jederseits oder an einer Seite Vorgärten oder durchlaufende Grünstreifen kommen, um den erforderlichen Abstand zwischen den Häuserreihen einzuhalten. Eine übermäßige Straßenbreite wirkt unschön, verteuernd und ist daher unwirtschaftlich. Für längere und bedeutendere Wohnstraßen oder für Verkehrsstraßen niederer Ordnung genügt eine Breite von 12—15 m. Von 17 m ab beginnt die eigentliche Verkehrsstraße, da sie bei einer Fahrdammbreite von 10 m die Durchführung einer zweigleisigen Straßenbahn in der Mitte und seitlich je einen Streifen für Fuhrwerksverkehr zuläßt. Bei 26 m Breite beginnt die Hauptverkehrsstraße, die nach der Verkehrsgröße in den verschiedenartigsten Breiten geplant werden muß. Automobil- und Straßenbahnverkehr verlangen breite weithin zu übersehende Straßen. Werden der Verkehrsstraße verschiedene Verkehrsarten zugewiesen, was meist der Fall ist, dann ist es zweckmäßig, und erforderlich, jeder Verkehrsart ihren besonderen Raum in der Verkehrsstraße zuzuweisen. Die Verkehrsstraße selbst muß also den Verkehrsarten entsprechend besonders aufgeteilt werden.

Der Platz hat als städtebauliches Element in der Literatur bereits eine so reiche Würdigung erfahren, daß hier wenig auszuführen ist. Die Platzanlage ist mit dem Ursprung des Städtebaues auf das innigste verwachsen und hatte bei den Alten eine höhere Bedeutung als heute.

Nach der Zweckbestimmung teilt man die Plätze ein in Verkehrsplätze, Nutzplätze, Gartenplätze und Architekturplätze. Die Platzgestaltung darf keine erzwungene sein, sondern muß sich zwanglos aus der Straßenlinienführung, den Verkehrsbedürfnissen und der Blockteilung ergeben. Wesentlich muß stets bleiben, daß die Platzanlage ein künstlerisch abgewogenes Raumgebilde darstellen muß und nicht eine mit Hilfe des Zirkels und des Lineals geplante Leerfläche, die man dann irgend einem Zwecke dienstbar zu machen sucht; Versuche, die stets mißlungen sind.

Eine Zwischenstellung zwischen Straße und Platz nimmt der sogenannte Wohnhof ein. Das Grundsätzliche des Wohnhofes besteht darin, daß er nicht von verschiedenen Seiten zugänglich ist, sondern nur von einer einzigen Seite in unmittelbarer Verbindung mit dem öffentlichen Verkehrsweg steht. Je nach der Art der Verbindung mit der eigentlichen Straße ist er entweder Sackgasse oder Hofraum, der auch als ausgedehnteres Raumgebilde zur Platzanlage ausgestattet werden kann. Er ersetzt also Straße, Hof oder Platz zu gleicher Zeit.

Die Ausführungsart hat zu Formen geführt, die einerseits reizende Zeichen idyllischen Wohnlebens ihrer Zeit waren, der Schmiedehof und der Glockenhof in Hamburg, die der Axt des Bauunternehmers im Sanierungsgebiet zum Opfer gefallen sind, waren reizende Vorbilder. Andererseits ist der Wohnhof infolge mangelhafter Ausführung unverdient in Mißachtung geraten. Auch hierfür liefert Hamburg Beispiele in Fülle. Das, was in Hamburg an Wohnungselend vorhanden ist, ist meist unzweifelhaft mit dem Begriff des Wohnhofes verknüpft. Die reizvollen Ausführungen aus jenen älteren Zeitabschnitten zeigen aber, daß der Wohnhof städtebaulich nicht in Acht und Bann getan zu werden braucht, daß nicht unter allen Umständen mit seinem Begriff etwas Verwerfliches verknüpft zu sein braucht.

Die Mißstände des Wohnhofes entstanden in der Zeit der regellosen Bebauung, als auf den schmalen tiefen Grundstücken hinter dem Straßenwohnhaus eine Bebauung mit restloser Ausnützung der verfügbaren Fläche stattfand, und dieser Bebauung die Geschoßhöhe wie an den öffentlichen Verkehrswegen zugestanden wurde. Licht und Luft konnte in die Wohnhöfe nicht dringen wenn bei einer Hofbreite von 1,5—3 m Gebäude mit 2—3 Stockwerken geduldet wurden. Nur sehr zaghaft sind die dann entstehenden Hamburger Baupolizeigesetze diesen Übelständen entgegengetreten.

Auf breiten und tiefen Grundstücken ist das Motiv des Wohnhofes in letzter Zeit städtebaulich mit Erfolg auch in Hamburg zur' Vermeidung von Hintergebäuden angewendet worden. Mit den Wohnhöfen lassen sich bei verständiger Anlage tiefe Baublöcke in wirtschaflicher, gesunder und schöner Weise ausnutzen. Es ist vom wirtschaftlichen Standpunkt auch auf dem Boden neuzeitlicher Städtebaubestrebungen ein höchst brauchbarer Grundgedanke, da er ein Mittel bietet, bei einem Mindestmaß von Straßenfronten ein Höchstmaß von Baufronten zu erzielen.

Die Baublöcke sind in ihren Abmessungen von wesentlicher Bedeutung. Sie sind es, die in Verbindung mit den Straßenabmessungen die eigentliche wirtschaftliche Beziehung zur Bauordnung herstellen. Die Blockgestaltung muß dem Zweck, dem die umrissene Geländefläche dienen soll, angepaßt werden. Jeder Form der Staffelbauordnung entspricht eine besondere Gestaltung des Blockes. Kleinhäuser verlangen eine Blockgestaltung die nur ein Mindestmaß von Straßenbaukosten verursachen. Dagegen verlangen Geschäftshäuser auch bebaubare Hinterflächen, Industriebauten weitere Geländeflächen an Wasser- oder Bahngleisen in richtiger Verkehrslage. Für Landhäuser sieht man ebenfalls eine geräumige Bebauung vor. Der Entwerfer eines neuzeitlichen Bebauungsplanes muß die Bauklasse, die im Rahmen der Bauordnung Anwendung finden soll oder die er vorschlagen will, vor Augen haben, und ihnen entsprechend seine Linien ziehen und die Flächen verteilen. In Hamburg ist die Blockgestaltung in Verbindung mit der Baupolizeigesetzgebung im allgemeinen bisher keine glückliche gewesen, wie bereits mehrfach dargetan.

Die Freiflächen, die der Bebauungsplan aufweisen soll, sind städtebauliche Motive der neueren Zeit und haben ihre Begründung in den gesundheitlichen Forderungen, die später noch behandelt werden.

Aus dem Wesen der stark differenzierten Staffelbauordnung und des elastischen Bebauungsplanes geht hervor, daß niemand die Entwicklung einer Stadt in allen den bisher erörterten Beziehungen auf eine lange Zukunft vorauszusehen vermag. In einigen Staaten des Auslandes sind Fristen für die Dauer der Gültigkeit der Baupolizeiverordnung und der Bebauungspläne festgesetzt.

Bei uns ist theoretisch und rechtlich die Gültigkeitsdauer eine unbeschränkte. Die Handhabung ist aber in Wirklichkeit eine derartige, daß Gesetzgebung und Bebauungsplan entsprechend den wirtschaftlichen Verhältnissen ständigen Änderungen unterworfen sind. Ein starres Festhalten würde unberechenbare Folgen nach sich ziehen können und unter Umständen zu großen Mißständen führen, die natürlich dann unwirtschaftlich wirken.

3. Der Grundbesitz.

Das dritte Element, der Grundbesitz, muß schon für sich betrachtet, auf wirtschaftlicher Grundlage ruhen. Zum Wohnen gehört nicht nur das Haus, sondern, was noch wichtiger ist, der Grund und Boden. Soll das Bauen wirtschaftlich sein, dann muß auch die Preisbildung des Grund und Bodens sich in Grenzen bewegen, die die Wirtschaftlichkeit des Bauens gewährleisten. Die Bodenpreisbildung spielt, mag man das Siedlungsproblem aus irgend einem Gesichtswinkel betrachten, eine Hauptrolle; sie in den richtigen Grenzen zu halten, daß eine wirtschaftliche Bebauung des Bodens ermöglicht wird, ist eine Hauptbedingung, und hier setzt der ganze Komplex der Fragen der Bodenreform ein, die in der Hauptsache den Kampf gegen die unberechtigte und ungerechtfertigte Wertsteigerung des Bodens führt.

Die Gründe, die die ungerechtfertigte Wertsteigerung hervorrufen, sind mannigfacher und verwickelter Art. Schon die Tatsache, daß sich auf verhältnismäßig kleinem Raume Hunderttausend von Menschen ansammeln, den günstigen Arbeitsbedingungen nachgehend, die Großstadt aufsuchen, genügt, um den Grund und Boden schon in der Gegenwart mit seinem Zukunftswert zu belasten, der gar zu schnell Gegenwartswert wird. Die Spekulation, die den bebauten Boden von Hand zu Hand gleiten läßt, trägt das ihrige dazu bei, den Zukunftswert noch schneller zum Gegenwartswert zu machen. Die Aufstellung der Bebauungspläne geben dem Grundstückshandel unbeabsichtigt wertvolle Handhaben, den Preis des Grund und Bodens zu steigern. Die Steigerung tritt um so gewaltiger ein, je günstiger die Möglichkeit des Anschlusses jenes Grund und Bodens durch Verkehrsmittel an das Lebenszentrum der Stadt sich gestaltet. Die Aufstellung von Verkehrs- und Bebauungsplänen sind aber nun einmal Maßnahmen, die vorsorglich getroffen werden müssen, um eine geregelte und geordnete Unterbringung der Massen in der Großstadt zu gewährleisten.

Die Mittel, die vorgeschlagen werden, der Wertsteigerung des Grund und Bodens entgegenzutreten, um diesen wirtschaftlich für die Bebauung zu gestalten, sind verschiedener Art. Aufstellung einer verständigen Bauordnung auf der Grundlage der Staffelbauordnung; zweckmäßige Besteuerung der Grundrente (Grundwertsteuer); weiterer Ausbau der Zuwachssteuer; Maßnahmen zur Verpflanzung der Massen aus der Großstadt auf das platte Land; endlich Reform des Hypothekenwesens, denn das Ziel, die gesamte Grundrente für die Gesamtheit zu gewinnen, kann ohne durchgreifende Reform des Hypothekenrechtes nicht erreicht werden.

Alle diese Maßnahmen haben ihre innerliche Berechtigung und sind Beiträge zur Lösung obiger Frage.

Eins ist von vornherein klar. Die Bereitstellung der Fläche für den Wohnungsbau, insbesondere für den Kleinwohnungsbau, ist hier für das Gesamtgemeinwesen von außerordentlicher sozialer und kommunalpolitischer Bedeutung. Die Gemeinden müssen hier mitbestimmend einzugreifen bestrebt sein. Dieses Bestreben kann gefördert werden durch eine selbständige, großzügige kommunale Bodenpolitik. Ihre Verwirklichung würde die Weltstadtbildung Hamburgs um ein Bedeutendes fördern und erleichtern.

Bei der Aufstellung des Bebauungsplanes wird sich zeigen, daß außer den Flächen für den Kleinwohnungsbau noch weitere Flächen im öffentlichen Interesse benötigt werden, z. B. für öffentliche Bauten, für Grün- und Freiflächen, und, wie bereits gefordert, für alle Verkehrswege. Und ist der Gedanke denn wirklich zu kühn, möglichst alle Geländeflächen im Wirtschaftsgebiet in kommunaler Hand zu vereinigen im Interesse der Gesundung der Wohnungsfrage, im Interesse der einheitlichen Gestaltung des Weltstadtbildes? Die Durchführung großzügiger kommunaler Bodenpolitik ist hier nicht nur wünschenswert sondern sogar dringend erforderlich.

Das Mittel zur Durchführung dieses Gedankens kann in der Schaffung einer von Hamburg und den beteiligten Gemeinden zu gründenden gemeinnützigen Bank — etwa einer Boden- und Siedlungsbank — beruhen, die den Boden vorzeitig in ihren Besitz bringt. Die Art und Weise der Überlassung des Bodens an die Besiedler kann in den verschiedensten Rechtsformen erfolgen, — in der Form des Erbbaurechtes, des Wiederkaufrechtes, der Erbpacht, des städtischen Rentengutes usw.[1]) Diese Wege, die einzelne

[1]) Einen eigenartigen Versuch sozialer Bodenverwaltung hat Hamburg selbst bei der Anlage des Freihafens gemacht. Im Oktober 1884 verpachtete der Senat der „Freihafen Lagerhaus-Gesellschaft" 40 000 qm Staatsland, von denen 30 000 bebaut werden sollten. Der Boden wurde für 1 qm geschätzt. Im Verhältnis von 5 zu 3 wird auch der Gewinn zwischen Staat und Gesellschaft verteilt, allerdings erst, nachdem die Lagerhausgesellschaft für ihr Barkapital von 9 Millionen Mark eine Verzinsung von $3^1/_2$ % erzielt hat. Außer seinem Anteil hat Hamburg noch 10 % des Verdienstes der Gesellschaft vorbehalten, der über die $3^1/_2$ % Verzinsung hin-

Kommunen in ausgedehnter Weise mit Erfolg beschritten haben, brauchen hier nicht näher erörtert werden. Es genügt, an dieser Stelle nur auf die Werke „Die Aufgaben der Gemeindepolitik“ und die „Bodenreform“ von Adolf Damaschke hinzuweisen. Zweifellos läßt sich auf solchem Boden stehend wirtschaftlich und städtebaulich weit Bedeutenderes schaffen, als wenn jeder Flecken Erde erst dem Grundstücksspekulanten, nachdem schon eine unberechtigte Wertsteigerung des Bodens durch Aufstellung der Verkehrs- und Bebauungspläne eingetreten ist, vielleicht aus dritter oder noch späterer Hand abgerungen werden muß.

Im Zusammenhang mit dieser Frage muß die Beschaffung der Hypothekengelder für die Ansiedler gelöst werden. Auch hier müssen auf gemeinnütziger Grundlage Mittel und Wege gefunden werden, um den Ansiedler die Errichtung eines Wohnhauses, vor allem eines Kleinwohnungshauses zu erleichtern. Im Zusammenhang d. h. in Abhängigkeit von der Bodenbank muß eine von allen beteiligten Gemeinden zu gründende Hypothekenbank ins Leben gerufen werden, deren Aufgabe es ist, die mit Wohnungsbauten zu bebauenden Flächen zu beleihen, unter der Voraussetzung, daß die auszuführenden Bauten allen gestellten Anforderungen des modernen Städtebaues entsprechen.

Auf solcher Grundlage würden, im Verein mit einem neuzeitlichen Baurecht und Baupolizeirecht und einem großzügigen gesunden Bebauungsplan, viele Schwierigkeiten aus dem Wege geräumt, vor allen Dingen aber eine wirtschaftliche Grundlage, von gewaltiger Tiefe für die Gestaltung der Weltstadt Hamburg gewonnen.

B. Der Aufbau auf gesundheitlicher Grundlage.

Neben dieser wirtschaftlichen Grundlage ist die zweite Forderung von größter Wichtigkeit: der Aufbau auf gesundheitlicher Grundlage. „Wie können die Millionen Menschen, die die moderne Großstadt an sich zieht, in seiner Umgebung untergebracht werden, deren körperliche und seelische Einflüsse ihnen kraftvolle Gesundheit sichern, sie zu Vätern und Müttern einer Generation

---

aus gewonnen wird. Mit diesen Einnahmen werden Aktien zu Gunsten des Staates ausgelöst. Den Wortlaut des Vertrages bringt das „Jahrbuch der Bodenreform“ 1905. Schreitet die Entwicklung in der bisherigen Weise fort, so wird Hamburg ohne irgend ein Geldopfer schon nach einem Menschenalter alleinige Eigentümerin jener großartigen Verkehrsanlage werden und sich damit Einnahmen sichern, die Arbeit und Handel wesentlich entlasten und das Aufblühen der Stadt machtvoll fördern müssen. Auch das Privatkapital, das sich in den Baulichkeiten betätigt hat, wirft zureichenden Gewinn ab. Die Lagerhaus-Gesellschaft verteilt seit Jahren 5% Dividende.

machen, in der nicht die gewaltige Kraft der Rasse verwelkt, sondern sie gesünder, stärker, besser, schöner und glücklicher ist als wir?“ so fragt Hegemann mit Recht in seiner Schrift „Der Städtebau“, und diese Frage muß auch für das neue Groß-Hamburg aufgeworfen werden.

Die gesundheitliche Forderung muß in der Bauordnung ihren Niederschlag finden. Die ehedem sehr vernachlässigte Forderung muß heute die Bauordnung in allen Beziehungen und allen ihren Teilen beherrschen. Früher unbeachtet, steht sie jetzt an erster Stelle. Nicht der Platz und nicht die Straße kommen in erster Linie bei der Planung in Betracht, sondern das Wohnen in den Häusern. Die grundsätzlichen Gesichtspunkte der öffentlichen Gesundheitspflege sind es gewesen, welche der neuzeitlichen Bauordnung in Gestalt der Staffelbauordnung ihre Grundlage gegeben haben.

Die auf gesundheitlicher Grundlage aufgebaute Bauordnung wird stets im Kampfe mit den älteren engbebauten Stadtteilen stehen. Unter dem Zwange, die Gesundheit der Bewohner zu schützen, muß noch zuweilen hier eine starke Einschränkung der gesundheitlichen Forderungen Platz greifen, die ihre Ursache in der Erhaltung der vorhandenen wirtschaftlichen Werte haben; in diesen Stadtteilen wird unter dem Zwange der Bauordnung selten gesundheitlich Einwandfreies geschaffen werden. In Hamburg, wo von selbst die alten Stadtteile zur reinen Geschäftsstadt werden, fallen aber allmählich mit fortschreitender Entwicklung die Einschränkungen, die zu Gunsten der Erhaltung wirtschaftlicher Werte den gesundheitlichen Forderungen auferlegt werden müssen; die gesundheitlichen Forderungen treten dann auch in der Geschäftsstadt allmählich in ihr Recht.

In den äußeren Stadtteilen muß die Bauordnung ein geräumiges und gesundheitlich einwandfreies Bauen und Wohnen gewährleisten.

In Hamburg, wie in den meisten Städten, auch in Berlin, hat man sich beim Zuschnitt der Baublöcke überhaupt keine Rechenschaft über die Bebauung gegeben. In Hamburg hielt man an dem geschichtlich Gewordenen, an den tiefen Baublöcken, unentwegt fest. Auf diesen tiefen Baublöcken hat sich dann, gestützt auf das Baupolizeigesetz, der Schlitzgrundriß herausgebildet. Bei diesem schließen die Häuser nicht in ihrer ganzen Tiefe, sondern nur im vorderen an der Straße belegenen Teil unmittelbar aneinander, während die rückwärtigen Teile zwischen sich schmale, tiefe Schlitze lassen, die die Beleuchtung und Lüftung der an den Schlitzen liegenden Räume und Wohnungen nur in ganz unzureichender Weise gestatten; solche Wohnungen entsprechen nicht den Anforderungen, die das gesundheitliche Interesse der Bewohner fordert. Insbesondere eignet sich der Schlitzgrundriß nicht für den Kleinwohnungsbau. Dieser verlangt geringe Baublocktiefe, während der Schlitzbau nur auf großer Baublocktiefe Anwendung finden kann. Die in der Bebauungsplanung Hamburgs bevorzugte große Baublocktiefe schaltete systematisch die Schaffung eines organischen Kleinwohnungsgrundrisses aus. Wenn auch auf tiefen Baublöcken in Hamburg von gemeinnützigen Gesellschaften z. B. vom Bauverein mustergültige, den gesundheitlichen Forderungen entsprechende Kleinwohnungen mit geringer Bautiefe und guter Querlüftung geschaffen worden sind, so war dies nur möglich durch die Behandlung des Baublockes als ein einheitliches Ganzes unter geeigneter Verwendung des Wohnhofmotives. Bei vereinzelten Bauplätzen mit den üblichen tiefen Abmessungen ist aber nur die mangelhafte Schlitzbauweise möglich, die die Schaffung einer gesundheitlich einwandfreien Kleinwohnung ausschließt.

Der Verein Heimatschutz im Hamburger Staatsgebiet hat im November 1913 an den Senat seine Eingabe zur Besserung der Wohnverhältnisse gerichtet und an der Hand von Beispielen und Skizzen, den Beweis geführt, daß bei einer geringeren Baublocktiefe alle die Schäden, die der Schlitzgrundriß in gesundheitlicher Beziehung für den Kleinwohnungsbau mit sich bringt, nicht auftreten, und dennoch die Wirtschaftlichkeit des Kleinwohnungsbaues in demselben Umfange wie bei dem Schlitzgrundriß gewahrt bleibt. Mit Recht ist daher in der Eingabe die Abänderung der baupolizeilichen Vorschriften, wie die Abänderung bereits bestehender Bebauungspläne für die noch unbesiedelten Gebiete verlangt worden. Die Reform des Hamburger Mietshauses ist, soweit der Kleinwohnungsbau in Frage kommt, daher in gesundheitlichem Interesse ein Akt dringender Notwendigkeit, und hängt innig mit der Neuordnung der Baupolizei- und Baugesetzgebung zusammen.

Die Forderung — die Errichtung gesunder Wohnungen — muß für jeden Stand, für jede Familie, namentlich für den Arbeiterstand mit seinen kinderreichen Familien aufgestellt werden. Eine kinderreiche Familie hat nun zu ihrer Gesundung mehr Räumlichkeiten notwendig als eine kinderarme Familie. Die Ausgaben für den Lebensunterhalt sind bei dieser geringer als bei einer kinderreichen Familie. Nun genießt ja die kinderreiche Familie nach dem preußischen Staatseinkommensteuergesetz (§ 19) für jedes Kind Steuererleichterungen, die aber keinen Ausgleich bieten für den durch die größere Kinderzahl bedingten Mehraufwand, die erst recht nicht die Mittel bieten für seine größere Wohnung. Die gesunde Wohnung muß aber der kinderreichen Familie werden. Die Notlage der kinderreichen Familien gestaltet sich erklärlicher Weise immer schlimmer, sodaß Abhilfe dringend geboten ist.

Die Maßnahmen, den kinderreichen Familien gesunde Wohnungen zu schaffen, beschäftigen alle sozial denkenden Kreise und Verwaltungen. Die Bremer Bürgerschaft übernahm eine Bürgschaft gegenüber dem Gemeinnützigen Hypotheken- und Treuhand-Verein unter der Bedingung, daß die beliehenen Häuser nur für Familien mit mehr als 4 Kindern gebaut würden. Die Stadt Gotha übernahm auf Grund einer ihr zugefallenen Stiftung von 700 000 Mk. ebenfalls Bürgschaft für Wohnungen kinderreicher Familien insbesondere für kinderreiche Kriegerfamilien. Die Stadt Görlitz hat bereits eine Anzahl Wohnungen, hauptsächlich Einfamilienhäuser für kinderreiche städtische Angestellte, vollendet, während die Stadt Neuß sich mit den Vorarbeiten für den Bau von 50 Einfamilienhäusern für kinderreiche Familien, die unter sehr leichten Zahlungsbedingungen abgegeben werden sollen, beschäftigt. Die Stadt Straßburg gibt kinderreichen Familien gesunde Dreizimmerwohnungen zum Mietspreise für Zweizimmerwohnungen ab. In Duisburg gewährt der Beamtenwohnungsverein für ein Viertes und die darauffolgenden Kinder unter 14 Jahren einen monatlichen Mietszuschuß unter der Bedingung, daß die Familie eine entsprechend größere Wohnung nimmt; derselbe Verein bevorzugt in seiner Gartenstadt Wedau kinderreiche Familien durch Abgabe größerer Flächen, verlangt aber nur den gleichen Bodenzins wie bei den kleineren Grundstücken. Hier kommt der Grundsatz zum Ausdruck, je mehr Kinder, destomehr Boden. Sinkt die Zahl der Kinder unter 14 Jahren, so erhöht sich die Miete entsprechend, die erzielte Mehreinnahme wird zu Gunsten der oben beschriebenen Vergünstigungen verrechnet. Ein nachahmungswertes Beispiel größeren Umfanges liefert die Stadt Amsterdam. Sie steht im Begriff, 3500 gesunde Kleinwohnungen auf Erbpachtgrundstücken zu errichten, die mit einem Jahresausfall von je 60 Gulden an kinderreiche Familien vermietet werden sollen. Diese Maßnahmen sind aber nur möglich, wenn das Kleinhaus und das Kleinwohnungshaus als Typenhaus gebaut wird. Auch das Typenhaus kann in seiner Benutzung einen individuellen Charakter tragen. Es wird auch in dem sogenannten Gartendorf eine grundsätzliche Bedeutung erlangen. Für den ungelernten Arbeiter, der auf eine wesentliche Steigerung seines Lohnbezuges trotz allen Fleißes in den meisten Fällen nicht rechnen kann, eröffnet sich hier die Aussicht, daß er seine Einkommensverhältnisse und damit seine und seiner Familie Lebensführung durch wachsende Einnahmen aus der Gartenbewirtschaftung im Laufe der Jahre erheblich verbessern kann. Den notwendigen Ausgleich zwischen Einnahme und Ausgabe braucht er beim Heranwachsen seiner Kinder. Deshalb eignet sich das Gartendorf, und das ist von ganz besonderer Wichtigkeit, gerade für die Ansiedlung kinderreicher Familien, denen bei der Wohnungsfrage sonst erfahrungsgemäß leider die größten Schwierigkeiten in den Weg gelegt werden.

An dem äußeren Umkreis des Wirtschaftsgebietes wird jener Gedanke — der Bau des Gartendorfes — seine Verwirklichung finden können. Der Bebauungsplan muß dem Gedanken Rechnung tragen.

Die schlecht gelüfteten Räume mit der Aussicht auf enge Höfe, die vielen Stockwerke, diese überfüllten Wohnungen mit all den Gefahren für die heranwachsende Jugend, die für ihre spätere Entwicklung vergiftend wirken müssen, alle diese Umstände drängen zu einer durchgreifenden Verbesserung auf dem Gebiete des Wohnungswesens in Hamburg.

Zu der Innenhygiene der Wohnungen muß die Außenhygiene des Stadtkörpers hinzutreten; zum Begriff des gesunden Wohnens gehört daher auch die Forderung der Schaffung notwendiger ausreichender Grünflächen für eine Stadt.[1]) Nicht Jedermann kann in der Weltstadt einen Garten besitzen, dennoch sollte er einen Anteil an solchem haben. Dieser Gedanke führt von selbst zu dem Begriff des gemeinschaftlichen öffentlichen Gartens. Der öffentliche Garten der Großstadt, der bisher als Schmuck- und Zierplatz unter den Ausstattungsbegriff fiel und nur dem Schaubedürfnis diente, muß aber unter den Begriff des Gebrauches gestellt werden. Eine freiere Auffassung des Begriffes der öffentlichen Gärten, eine freiere Benutzungsmöglichkeit der Anlagen muß Platz greifen; Amerika und England haben schon frühzeitig den Park zur Tummelstätte des Volkes gemacht und weite Wiesenflächen zur Erholung hingegeben; denn für unser geistig angespanntes nervenzerrüttendes Weltstadtleben muß die Grünfläche, das Leben im Freien einen Ausgleich schaffen.

Eins der Mittel zur Lösung dieser Frage ist in der Gestaltung und Durchführung eines großzügigen Freiflächenplanes zu finden. Die Grünflächen müssen somit als ein selbständiges systematisches Glied des Stadtbauplanes betrachtet werden. Die einzelnen bereits vorhandenen Schmuck- und Spielplätze, sowie die noch anzulegen-

---

[1]) In der Erkenntnis des hohen sozialen Wertes der Grün- und Freiflächen für die Gesundung des Volkes hat z. B. Boston einen Parkzweckverband gegründet, in welchem 39 Gemeinden mit 1,6 Mill. Einwohner zusammengeschlossen sind. Innerhalb eines Kreises von 20 km Halbmesser, geschlagen um das Rathaus von Boston, sind bereits 6,116 ha öffentliche Parkanlagen gesichert. Die Längen der Parkstraßen betragen 119 km. Das um Boston ausgebreitete Parkgebiet ist fast so groß wie Berlin, welches 6,352 ha umfaßt. In Groß-London werden z. Zt. 7,120 ha Parkanlagen und Wälder unterhalten, also eine Fläche, die weit größer ist als Berlin.

den Parks müssen untereinander durch Grünbänder verbunden werden, die als ruhige Spazierwege dienend, unter Umständen das Innere der Baublöcke durchziehen. Die von den Verkehrsstraßen getrennt und abseits anzulegenden Grünflächen müssen folgerichtig den ganzen Stadtplan durchdringen und durchweben.

Bevorzugt zur Anlegung von Grünflächen sind Fluß- und Bachläufe, die Umgebung von Wasserbecken und Teichen, aber auch die Umgebung von Dämmen und Einschnitten der Eisenbahnanlagen oder auch das Innere der Baublöcke. Vielfach sind die Grünflächen nicht zur Umbauung bestimmt, sollen sie es aber doch sein, dann muß die Bebauung nur dem Wohnzweck dienen und den Aufwendungen entsprechen, die die Grünflächen ve.langen. Ist das entsprechende Gelände nicht im Besitz der Gemeinde oder einer Baugesellschaft, dann muß ein zu erlassendes Umlegungsgesetz die Handhabe zur sachgemäßen Verteilung der Aufwendungen an Land und Herstellungskosten bieten.

Das Blockinnere, das von Grünflächen durchzogen wird, verlangt eine besondere Brücksichtigung in der Bauordnung, damit nicht Hintergebäude und häßliche Rückfronten den Reiz der Grünflächen beeinträchtigen und das Ganze verunstalten. Fabrikbauten und Geschäftshäuser eignen sich daher wenig zur Umrahmung der Grünflächen.

Die Schaffungen dieses Freiflächenplanes ist der eine Teil der Aufgabe, der andere besteht in der richtigen Organisation der Nutzbarmachung für den öffentlichen Gebrauch.

Hauptsächlich ist hier für die zweckentsprechende Anlage und die richtige Verteilung von Spielplätzen Sorge zu tragen. In der Innenstadt lassen sich Spielplätze kaum noch schaffen. Sie sind auch hier bei der rasch fortschreitenden Citybildung nicht unbedingt nötig. Für den westlichen Teil der Innenstadt, der jetzt noch überwiegend Wohnzwecken dient, erfüllen die Wallanlagen zwischen Dammtor und Hafentor nahezu den erstrebten Zweck. Zur Zeit fehlen aber allein in Hamburg 90 %, in Altona 88 % Spielplätze für Schulkinder d. h. in Hamburg sind für 90 000, in Altona für 16 000 Schulkinder keine Spielplätze vorhanden. Dieser Tatsache muß begegnet werden, denn „der Knabe ohne Spielplatz ist der Vater des Mannes ohne Arbeit“ sagt treffend der Amerikaner J. Lee. Wenn wir auch in der Theorie des Städtebaues die Führerrolle einnehmen, was aber die Schaffung von Grünflächen, von Erholungs- Spiel- und Sportplätzen anbelangt, so können wir uns keinesfalls mit England noch weniger mit Nord-Amerika messen.

Wir müssen bei der Weltstadtbildung Hamburg die Forderung erheben, daß dem geforderten selbständigen Städtebauamt zur Durchführung des Freiflächenplans ein Gartenbauamt angegliedert wird, da dem Gartenarchitekt bei der Planung und der Lösung des Generalbebauungsplanes ein entsprechender Einfluß eingeräumt werden muß. Es muß verhütet werden, daß auf diesem Gebiete Verhältnisse eintreten, wie sie sich in Berlin heraus gebildet haben. Aber auch dort ist bereits in richtiger Erkenntnis des sozialen Wertes der Grünflächen, außer den Verkehrsflächen, 15 % des Geländes Groß-Berlin in Form derartiger Freiflächen gefordert worden.

Technisch sind bei der Ausführung aller der bisher erhobenen Forderungen allzugroße Schwierigkeiten in dem Wirtschaftsgebiet Groß-Hamburg nicht zu überwinden. Die Schwierigkeiten sind in anderen Gründen, als technischen zu suchen, die noch besprochen werden.

C. Der Aufbau auf künstlerischer Grundlage.

Nun gilt es alle diese Probleme nicht nur technisch, wirtschaftlich und gesundheitlich zu lösen, sondern auch künstlerisch zu überwinden, und damit kommen wir zur letzten Forderung der Weltstadtbildung Groß-Hamburgs.

Der Kunstgeschmack im Städtebau ist bisher beständigen Wandlungen unterworfen gewesen. Die schnelle Aufeinanderfolge der verschiedenen Entwicklungssphasen des Städtebaues in der letzten Hälfte des vorigen Jahrhunderts legt beredtes Zeugnis davon ab.

In der ersten Hälfte des vorigen Jahrhunderts war der Städtebau von uns wenig gepflegt worden; das, was an Erweiterungen der Städte notwendig war, wurde nicht nach einheitlichen großen Plänen verwirklicht, sondern vollzog sich, der Not gehorchend und nur widerstrebend.

Der gewaltige Aufschwung des neuen Deutschen Reiches zwang die Städte, ihre unvermeidlichen Erweiterungen nach einheitlichen Plänen auszuführen. Die Vorbilder wurden der Umgestaltung und Erweiterung von Paris entnommen. Jene hier herrschende Stilrichtung zeichnete sich aus durch breite, lange, gerade, meist in Baumreihen besetzte Straßen, durch Schmuckplätze, offene Verkehrsplätze in Stern- oder Fächerform, und monumentale Straßenabschlüsse.

Dann kam der romantische Zeitabschnitt im Städtebau. Man begeisterte sich für die Schönheiten mittelalterlicher Städtebilder und versuchte diese mit allen Mitteln nachzuahmen. Der unregelmäßige Platz, die krumme Straße mit wechselnden Vor- und Rücksprüngen, die Straßenversetzungen und a. m. kam zur Ausführung. Künstlich wurden Straßen- und Städtebilder geschaffen, ohne inneren Gehalt und Zusammenhang. Jedes Haus wurde individuell behandelt. Die Architekturkunst des Maurermeisters trieb dabei die wunderbarsten Blüten.

Es zeigte sich glücklicherweise gar zu bald, daß die neuzeitlichen Erfordernisse des Verkehrs und der Hygiene mit dem romantischen Zeitabschnitt des Städtebaues in Widerspruch gerieten. Schon das Streben nach Herstellung von Frei- und Grünflächen war jener Stilrichtung ein fremdes Element und mit ihr nicht in Einklang zu bringen.

Es folgte das Zeitalter der einheitlichen Gestaltung, dessen Motive im deutschen Vaterlande in der landesfürstlichen Zeit so warm gepflegt worden sind. Die Durchführung der künstlerischen Einheit im Städtebau, geleitet von dem Willen eines Einzelnen, ist heute die Grundbedingung für den Aufbau der Stadt.

Man kann darüber streiten, ob die Grundzüge, nach denen der Aufbau der Weltstadt in künstlerischer Beziehung sich vollziehen soll, in die nackten Worte abstrakter Gesetzesvorschriften gegossen werden sollen. Solche Vorschriften werden meist nur aus Sätzen allgemeinen Inhaltes bestehen. So wenig Wert diesen Vorschriften auch von Manchem beigemessen wird, so schlecht sind sie ganz zu entbehren.

Das preußische Fluchtliniengesetz vom 2. Juli 1875, das für den preußischen Teil des Wirtschaftsgebietes Groß-Hamburgs Gültigkeit hat, besitzt nur eine Vorschrift in schönheitlicher Beziehung, nämlich diejenige, daß Verunstaltungen von Straßen und Plätzen zu vermeiden sind. Sie ist also keine positive Vorschrift für die Betätigung auf städtebaulichem Gebiet.

Allgemein nahmen denn auch die preußischen Bauordnungen auf die künstlerische positive Arbeit wenig Rücksicht, wenn sie auch durch treffliche Erlasse des Ministeriums der öffentlichen Arbeiten ergänzt werden. So sei aus dem Erlasse vom 20. September 1906 die Stelle erwähnt: „Für die Freihaltung genügend großer Plätze in hinreichender Anzahl als Schmuckplätze, Spielplätze und Parkanlagen, sowie für später zu errichtende Gebäude ist Sorge zu tragen Wenn auch für die Festsetzung der Fluchtlinien in erster Linie Rücksichten der Zweckmäßigkeit entscheidend sein müssen, so ist auch das ästhetische Interesse dabei nicht außer Acht zu lassen Auch die Vermeidung zu großer Eintönigkeit bei der Gestaltung des Straßennetzes und auf Erzielung einer gewissen Abwechselung im Straßenbilde ist Bedacht zu nehmen. Deshalb wird, wenn nicht das Verkehrsinteresse entgegensteht, bei der Linienführung der Straßen nicht grundsätzlich der gerade Verlauf anzustreben sein.“

Eine weitere Ergänzung finden die preußischen Gesetzesvorschriften und Verordnungen noch durch das Gesetz gegen die Verunstaltung von Ortschaften und landschaftlich hervorragenden Gegenden vom 15. Juli 1907. Dieses Gesetz gibt der

Baupolizei die Befugnis, Bauausführungen zu untersagen, wenn dadurch Straßen oder Plätze der Ortschaften oder das Ortsbild „gröblich verunstaltet“ wird. Die Baupolizei hat hier nur das Recht gegen einen Zustand einzuschreiten, der als positiv häßlich anerkannt werden muß. Der weitere Inhalt des Verunstaltungsgesetzes kann den Gemeinden in ästhetischer Beziehung nur dann Nutzen bringen, wenn durch Orststatut im Rahmen des Gesetzes die entsprechenden Schutzvorschriften in der Gemeinde erlassen werden.

Der ortsstatutarische Schutz kann sich beziehen auf vorhandene Bauteile und Ortsteile, sowie auf neue Ortsteile. In beiden Fällen erwachsen den Gemeinden Aufgaben ästhetischer und künstlerischer Art.

Das Ortsstatut kann festlegen, daß die Baulichkeiten sich harmonisch in die vorhandenen Bauwerke einfügen. Was dagegen die neuentstandenen Straßen- und Stadtteile anbelangt, so kann das Ortsstatut sich nicht über das Bereich der ganzen Stadterweiterung erstrecken, sondern nur auf gewisse Stadtteile. Wird auch im allgemeinen der Gemeinde Gelegenheit gegeben, die Einheit des Straßenbildes und der Platzgestaltung zu erzwingen, so ist doch dem Gesetz durch die Beschränkung auf die Ortsteile nicht genügend Raum gegeben, um eine vollständige Wirkung in künstlerischer Beziehung auszulösen.

Allgemein haben die Städte von der Einführung eines Ortsstatutes auf Grund des Verunstaltungsgesetzes wenig Gebrauch gemacht; der § 12 des Fluchtliniengesetzes, der das kommunale Bauverbot behandelt, gibt dem Gemeindevorstand eine bequemere und weniger umständliche Rechtsgrundlage und eine sichere Machtstellung auf baulichem Gebiete.

In **Hamburg** ist auf ähnlicher Grundlage im Jahre 1912 das **Baupflegegesetz** erlassen worden „zum Schutze gegen die Verunstaltungen des Straßen-, Orts- und Landschaftsbildes, zum Schutze der Bau- und Naturdenkmäler, sowie zur Wahrung der künstlerischen Interessen bei der Ausgestaltung des Stadt- und Landschaftsbildes“. Die Ausführung des Gesetzes liegt in der Hand einer Kommission, der ein sachverständiger Beirat zugeordnet ist.

Der Kommission steht lediglich ein Einspruchsrecht zu. Sie ist befugt, Einspruch zu erheben:

1. gegen die Ausführung von Bauten und baulichen Änderungen, wenn durch die Ausführung ein Bauwerk oder dessen Umgebung oder das Straßen-, Orts- oder Landschaftsbild verunstaltet oder in seiner Eigenart erheblich beeinträchtigt werden würde;
2. gegen die Ausführung von baulichen Änderungen an

Bauwerken und Anlagen von geschichtlicher oder künstlerischer Bedeutung (Baudenkmälern) und gegen deren Beseitigung, gegen die Entfernung oder Veränderung von öffentlich aufgestellten Kunstwerken (auch Grabmälern) sowie gegen die Beseitigung oder Veränderung von Naturdenkmälern;

3. gegen die Beseitigung einzelner Bäume, wenn dadurch ein Orts- oder Landschaftsbild erheblich beeinträchtigt werden würde, ohne daß die Beseitigung einem öffentlichen oder berechtigten privaten Interesse entspricht;

4a. gegen die Anbringung von Reklamezeichen aller Art, insbesondere von Aufschriften, Anschlägen, Abbildungen, Bemalungen, Schaukasten und dergleichen, wenn sie geeignet sind, Straßen, Plätze oder einzelne Bauwerke, Kunstwerke und Denkmäler oder das Orts- oder Landschaftsbild zu verunstalten.

4b. gegen die dauernde Beibehaltung vorhandener Reklamezeichen unter der zu 4a bezeichneten Voraussetzung;

5. gegen das Zurschaustellen von Verkaufsgegenständen und das Lagern von Schutt und Gerümpel in dem zwischen der Bau- und der Straßenlinie belogenen Teil eines Grundstückes unter den zu 4a bezeichneten Voraussetzungen.

Dieses Gesetz enthält somit keine Vorschriften über die positive künstlerische Arbeit.

In der Baugesetzgebung unserer Weltstädte sind bisher solche positive Vorschriften nicht enthalten. Richtlinien finden wir nur in dem Entwurf, den die Stadt Wien im Jahre 1909 den städtischenKörperschaften vorgelegt hat, der aber noch nicht zurAnnahme gelangt ist. Der Entwurf verlangt, daß der Stadtplan besondere architektonische Ausgestaltung derjenigen Plätze und Straßen festlegt, die das Stadtbild wesentlich beeinflussen. Gradlinige Straßenfluchten in übermäßiger Ausdehnung sollen tunlichst vermieden werden, ferner soll Vorsorge für freie Plätze und öffentliche Anlagen in genügender Zahl und Größe, Baustellen für Kirchen, Schulen und öffentliche Gebäude getroffen werden. Auch soll in besonderen Fällen, wenn besondere schönheitliche Wirkungen erstrebt werden, Ausnahmen von baupolizeilichen Vorschriften zugelassen werden. Sollen künstlerische Gesamtwirkungen erzielt werden, um zum Beispiel dem Straßenbild einen einheitlichen Charakter zu geben oder zu erhalten, dann soll die Baugesetzgebung der Gemeinde die Handhabung geben, noch besondere architektonische Forderungen zu stellen. Die in dem Wiener Entwurf niedergelegten Grundsätze sind, soweit die künstlerische Seite in Betracht kommt, sehr beachtenswert. Die Vorschriften umfassen auch diejenigen, die die Stadt Altona in Bezug auf das Zusammentreffen einzelner Baustufen und Bauzonen erlassen hat, um einen architektonischen Ausgleich zu erzwingen.

Gesetzesvorschriften werden im Allgemeinen nur erlassen, um den schlimmsten Möglichkeiten vorzubeugen. Die Vorschriften des Hamburger Baupflegegesetzes gehen nicht weit genug, um die künstlerische Seite voll zu erfassen. Der Forderung, daß die Baugesetzgebung Vorschriften über die künstlerische positive Arbeit enthält, ist eine innere Berechtigung nicht abzusprechen. Sie muß die Grundlage für Hamburgs Gestaltung in künstlerischer Beziehung werden.

Groß-Hamburg muß so gestaltet werden, daß die monumentale Schönheit der Stadt auf dieser Grundlage den Maßstab ihres inneren Wertes in sich selbst tragen muß. Die Entwicklung der Weltstadt muß an die alten überlieferten Werte anknüpfen, indem Sinn und Geist des wahrhaft künstlerisch Überlieferten im innersten Wesen erfaßt und ergründet wird. Die immer tiefere Ausreifung einer auf bürgerlich Hamburger Grundlage sich aufbauenden Kultur muß sich in dem Wesen seiner Weltstadt verkörpern. Sie muß in der Geschäftsstadt, in dem Industriegebiet, im Hafen, aber auch in allen Wohngebieten der Stadt machtvoll zum Ausdruck kommen. Über der Form des Einzeltyps muß das Problem der künstlerischen Einheit des Gesamtorganismus stehen. Das Einzelhaus soll nur denkbar sein in der Erscheinung der ganzen Straße, diese wiederum in der Erscheinung des ganzen Stadtviertels. Die Summe der Häuser gibt das Bild der Straße, die Summe der Straßen das Bild der Stadt. Der Kultus des einzelnen Durchschnittsarchitekten ist verwerflich, denn über allem muß die große gemeinsame Sache stehen. Im Sinne eines einheitlichen, von tiefer innerer Überzeugung getragenen, kraftvollen Hanseatengeistes muß norddeutsche Stadtbaukunst hier ausreifen.

Die Forderung kann für Hamburg nicht dringend genug erhoben werden. Gewiß ist das Erfassen dieser Seite des Problems schwierig und der Mitarbeit unserer Besten wert, gewiß ist auch diese Forderung des modernen Städtebaues, wenn sie auch noch so selbstvertsändlich klingt, jungen Datums. Camillo Sitte hat mit seinem bahnbrechendem Buche „Der Städtebau nach seinen künstlerischen Grundsätzen“ wissenschaftlich und mit vollendetem feinem Empfinden die zu wandelnden Wege gewiesen, und in der Folgezeit haben eine große Anzahl Wettbewerbungsentwürfe künstlerische Plangestaltungen (nach den Entwürfen von Th. Fischer, Th. Goecke, R. Henrici, K. Hoffmann, Bruno Möhring, Fr. Pützner, Bruno Schmitz, Fr. Schumacher-Hamburg,

Hermann Jansen-Berlin, J. Stübben) in demselben Geiste geliefert! Mit Recht muß für den aufzustellenden Generalbebauungsplan, dessen Teilbearbeitungen und die Aufsicht über den Ausbau des Aufrisses die Forderung gestellt werden, daß solche verantwortungsvolle Arbeit in Hamburg in die Hand wirklicher Städtebauer gelegt wird, die allen Anforderungen gerecht werden. Ob das vom Senat vorgeschlagene Stadterweiterungsamt diese Forderungen erfüllen kann, hängt nicht von der Einrichtung selbst ab, sondern von den leitenden Persönlichkeiten. Denn Städtebau läßt sich nicht in Ausschüssen und Organisationen verwirklichen. Magistratsbaurat Wolf-Schöneberg sagt mit Recht „Städtebau ist eine Kunst, die umfassendste Kunst, die wir kennen, aber auch diejenige Kunst, die am allermeisten auf dem Boden harter Wirklichkeit fußen muß." Diese Kunst ist keine Ausschußarbeit, sondern die Arbeit des Künstlers, der das innerste künstlerische Wesen der Kaufmannsrepublik erkennend, individuell schaffend und in diesem Geiste restlos aufgehen muß.

IV. Abschnitt.

Die der Weltstadtbildung Groß-Hamburgs entgegenstehenden Schwierigkeiten.

Einer gedeihlichen Weiterentwicklung Hamburgs im Rahmen der bisherigen Untersuchungen stehen nicht unerhebliche Schwierigkeiten entgegen. Erklärt man schon heute mit Recht den Neuaufbau unserer Handelsflotte als eine der dringendsten Aufgaben des Deutschen Reiches, so muß auch der Ausbau eines großen deutschen Handelszentrums am Ausgang der Nordsee, für welches Hamburg die Grundlage bildet, mit demselben Rechte als eine unabweisbare Notwendigkeit bezeichnet werden. Mit der Möglichkeit der Lösung der bereits erörterten technischen Fragen ist die Weiterentwicklung der Handelsmetropole allein nicht gewährleistet; die Schwierigkeiten liegen nicht so sehr auf technischem, als vielmehr auf staatsrechtlichem und kommunalwirtschaftlichem Gebiete, und hier türmen sich die Schwierigkeiten. Hamburg ist nicht in der Lage, die Bebauungspläne aufzustellen, da die zu bebauenden Gebiete meist in den umliegenden preußischen Gemeinden liegen und hier Hamburg keine Befugnisse hat; die Zeit ist vorbei, wo Hamburg glaubte, sich immer bei der Verfolgung seiner Pläne hermetisch von den preußischen Gemeinden abschließen zu können. Nicht nur die zur Entwicklung der Verkehrsanlagen, sondern auch die für die Besiedlung benötigten Raumflächen sind nicht immer, wie schon bewiesen, in ihren räumlichen Abgrenzungen mit den Landesgrenzen des Hamburgischen Staates in Einklang zu bringen. Die Gestalt des heutigen zusammenhängenden Hamburger Staatsgebietes stellt schon an sich eine krasse Absonderlichkeit dar. Die Zufälligkeit der politischen Grenzen schafft hier scheinbar ein nach allen Seiten hin abgeschlossenes Wirtschaftseiland, inmitten des preußischen Staates. Auf Schritt und Tritt stoßen wir bei der Erörterung der Verkehrs- und Siedlungsfragen auf den Hamburg festumschlie-

Karte von Hamburg und den umliegenden preußischen Gemeinden.

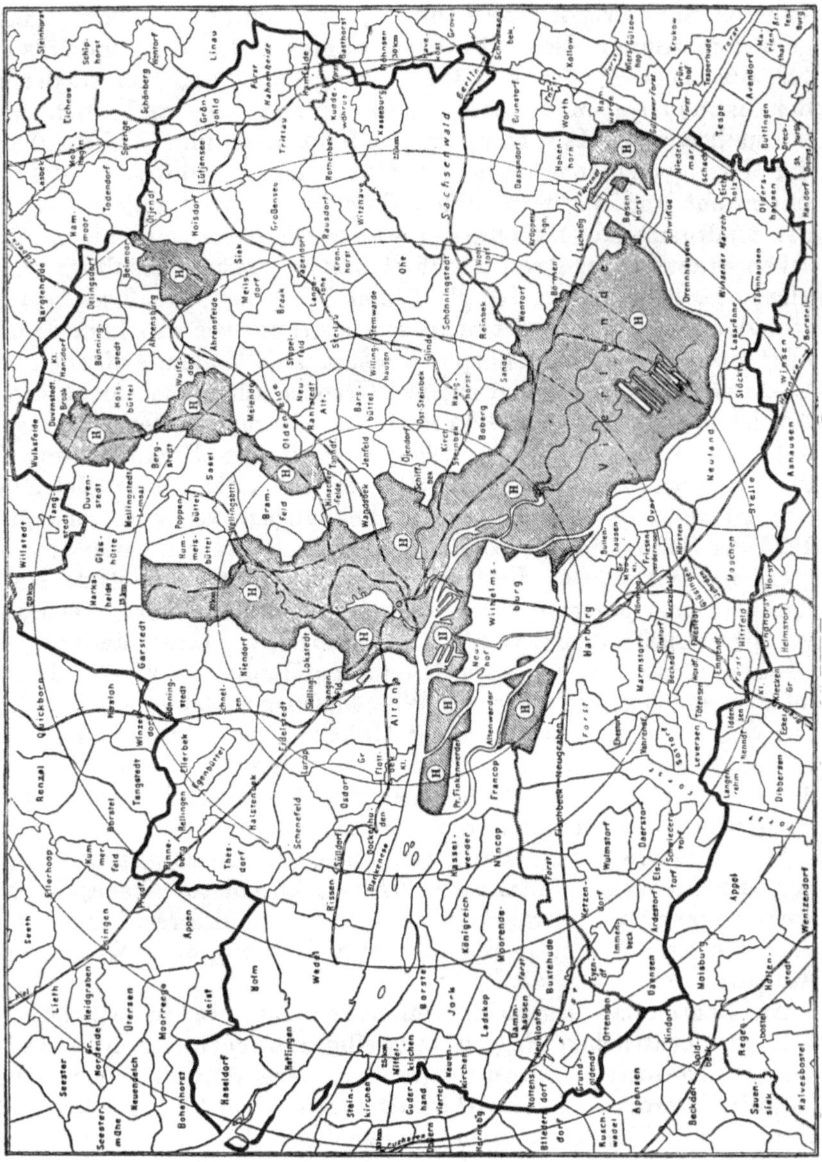

Groß-Hamburg — Kreisgrenze (H) Hamburger Gebiet

Aus: Baumann, „Groß-Hamburg". Hamburg, L. Friederichsen & Co., 1919. Preis Mk. 1,65.

ßenden preußischen Gemeindekranz. Dieser preußische Gemeindekranz, in dem etwa 350 000 Seelen wohnen, und mit dem unter allen Umständen gerechnet werden muß, ist aber nun, verwaltungstechnisch betrachtet, kein in sich fest zusammengeschlossener. Er steht städteordnungsmäßig auf verschiedenartigen gesetzlichen Grundlagen. Die Gemeinden nördlich der Elbe, gehörend zur

Provinz Schleswig-Holstein, unterstehen der Städte- bzw. Landgemeindeordnung dieser Provinz, während die Gemeinden südlich der Elbe zur Provinz Hannover gehören und hier wiederum der hannoverschen Städteordnung unterstehen, und auch hier ist zu beachten, daß Harburg der Städteordnung, Wilhelmsburg der Landgemeindeordnung als Glied des Landkreises Harburg untersteht und somit in seinen Beschlüssen beschränkter ist, als die Stadtgemeinde Harburg. Da aber alle Gemeinden im preußischen Staatskörper ihren Rückhalt finden, so kann Hamburg trotz aller aufzuwendenden Klugkeit den Ring der preußischen Gemeinden aus eigner Kraft nicht sprengen; andererseits kann Hamburg als eigener Staatskörper die ihm zufallenden Aufgaben als Weltstadt innerhalb seiner eigenen Grenzen allein auch nicht lösen. Am leichtesten gestaltet sich noch die Lösung der Verkehrsfragen auf preußischem Gebiet, soweit die preußische Eisenbahnverwaltung berührt wird; denn ihr steht für die Anlage ihrer Betriebseinrichtungen das preußische Enteignungsgesetz vom 11. Juli 1874 zur Seite. Soweit Hamburg innerhalb seiner eigenen Staatsgrenzen Raumflächen für seine Verkehrsanlagen benötigt, steht ihm auch hier jederzeit ein Enteignungsgesetz zur Seite, das sogar weniger umständlich ist, als das preußische. Über die Landesgrenzen hinaus reichen aber Hamburgs Befugnisse nicht. Hamburg ist nicht in der Lage auf Wilhelmsburger Gebiet staatsrechtlich den weiteren Ausbau seiner Hafenanlagen vorzunehmen, die sich auch auf jenes Gebiet erstrecken müssen. Es ist nicht in der Lage, hier für seine Industrieentwicklung Vorsorge nach weltstädtischen Gesichtspunkten zu treffen.

Die Schwierigkeiten, die in der verschiedenen Staatszugehörigkeit des an sich einheitlichen Wirtschaftsgebietes liegen, haben schon immer bestanden, wenn sie auch selten in ihrer Gesamtheit so in die Erscheinung treten wie bei der Lösung der vorliegenden Aufgabe.

Auf kommunalwirtschaftlichem Boden sind zwar in technischen und wirtschaftlichen Fragen zeitweilig Übereinkommen zwischen einzelnen Gemeinden und dem Staate Hamburg getroffen worden. So hat Hamburg unter dem Zwange der Verhältnisse mit Wandsbek einen Vertrag abgeschlossen, nach welchem die Wandsbeker Abwässer in das Hamburger Kanalisationsnetz geleitet werden dürfen. Der Vertrag kam aber nur zu Stande, weil Hamburg fürchtete, daß durch die beabsichtigte Einführung der Wandsbeker Abwässer in die Wandse auch die Alster verunreinigt werden würde. Auf privatrechtlicher Grundlage hat Hamburg wegen der notwendigen Erweiterung des Ohlsdorfer Friedhofes auch mit der Gemeinde Bramfeld einen Vertrag abgeschlossen. Nach diesem wird der Staat Hamburg in der Gemeinde Bramfeld als privater Grundstücksbesitzer behandelt und muß die entsprechende Grundsteuer bezahlen. Neuerdings schweben zwischen Hamburg und Altona Verhandlungen über die einheitliche Gestaltung und den einheitlichen Betrieb der Fischmarktanlagen.

Zwar haben, wie schon betont, verschiedene Verkehrsunternehmungen, wie z. B. die Stadt- und Vorortsbahn, und die beiden Straßenbahnen die Grenzen Hamburgs bereits überschritten; der Altonaer Oberbürgermeister Schnackenburg, hatte auch schon versucht, einen Teil der Verkehrsangelegenheiten, die vornehmlich auf dem Gebiete des Ausbaues des Schnellbahnwesens lagen, durch Verhandlungen mit dem Hamburger Staat auf eine breitere Grundlage zu stellen, aber die staatsrechtlichen Schwierigkeiten traten der Verwirklichung seiner Gedanken entgegen, und hier waren die Schwierigkeiten noch nicht einmal so unüberbrückbar und umfaßten zudem nur einen kleinen Teil der hier behandelten Aufgabe.

Unentwirrbar sind aber die Schwierigkeiten, wenn erst ein nach weltstädtischen Gesichtspunkten aufzustellender Bebauungsplan in die Wirklichkeit umgesetzt werden soll. Hier muß berücksichtigt werden, daß Hamburg wie auch jede der umliegenden preußischen Gemeinden ihre besondere den eigenen Bedürfnissen Rechnung tragende Bauordnung aufgestellt hat. Diese Bauordnungen, sind nun alle mehr oder weniger verschieden von einander.

Die auftretenden Schwierigkeiten liegen in erster Linie in der finanziellen Leistungsfähigkeit der einzelnen preußischen Gemeinden begründet. Diese Gemeinden können nicht ohne weiteres die Opfer tragen, die die Durchführung eines einheitlichen Bebauungsplanes bedingen. Auch in Groß-Berlin ist die finanzielle Leistungsfähigkeit der einzelnen Gemeinden verschieden, die Schwankungen liegen aber nicht in erheblichen Grenzen. Lange Jahre konnten die Berliner Gemeinden mit einem einheitlichen Einkommensteuerzuschlag von 100 % auskommen. Im Hamburger Wirtschaftsgebiet sind dagegen leistungsstarke, aber auch sehr leistungsschwache Gemeinden vertreten.

Um die Leistungsfähigkeit der Bevölkerung Hamburgs und der nachfolgenden sieben preußischen Gemeinden beurteilen zu können, bedarf es der Feststellung des Steueraufkommens, umgerechnet auf einen Einwohner. Geschieht dies, so stellt sich unter Berücksichtigung der Voranschläge für 1913 bzw. 1914 die Belastung durch Gemeindesteuern (einschließlich Realsteuern) in den nachstehenden Gemeinden wie folgt:

1.	Hamburg (1 080 331 Einwohner)	69,70 ℳ
2.	Altona (168 320 Einwohner)	44,43 ℳ
3.	Harburg (67 025 Einwohner)................	38,07 ℳ
4.	Wandsbek 35 212 Einwohner)	34,03 ℳ
5.	Wilhelmsburg (28 225 Einwohner)...........	34,54 ℳ
6.	Schiffbek (9 571 Einwohner)	15,93 ℳ
7.	Blankenese (5 612 Einwohner)	38,54 ℳ
8.	Reinbek (1 855 Einwohner)	36,12 ℳ

Die Belastung der Bevölkerung Hamburgs ist erheblich höher als diejenige der anderen Gemeinden, wobei aber die Tatsache in Betracht gezogen werden muß, daß in dem Steueraufkommen der Stadt Hamburg die Staats- und Kommunalsteuern enthalten sind, während es sich bei den preußischen Gemeinden nur um Kommunalsteuern handelt. Ein Umstand, der bei Vergleichungen mit Hamburg und preußischen Gemeinden beachtet werden muß. Es zeigt sich aber, daß, je größer eine Kommune ist, desto leistungsfähiger ihr Steuerwesen. Erhebliche Abweichungen von der normalen Belastung weisen die Gemeinden Schiffbek, Blankenese und Reinbek auf. Während Schiffbek als besonders leistungsschwach bezeichnet werden muß, das bei fast 10 000 Einwohnern nur 15,93 ℳ pro Kopf aufbringt, stehen im Gegensatz hierzu Blankenese mit 38,54 ℳ und die kleine Gemeinde Reinbek mit 32,34 ℳ glänzend da.

Wenngleich die fraglichen Gemeinden pro Kopf die angegebenen Steuern tatsächlich aufzubringen haben, so wäre es doch verkehrt, hieraus die auf 1 Einwohner entfallende wirkliche Leistungsfähigkeit schließen zu wollen. Man würde auch besser tun, bei diesen Kopfbeträgen nicht von einer Belastung der Bevölkerung durch Steuern zu sprechen, da hierbei immer an die Steuerleistung des einzelnen Bewohners gedacht wird, während die angeführten Kopfbeträge in Wirklichkeit nur als Vergleichsmaßstab dafür dienen, wie verschieden hoch in den einzelnen Gemeinden die aus den direkten Steuern stammenden kommunalen Einnahmen sind. Denn Tatsache ist bekanntlich, daß die Realsteuern nur von einem verhältnismäßig geringen Teil der Bevölkerung getragen werden. Wenn auch ein großer Teil der Gesamtbevölkerung (Zensiten und Angehörige) mangels eines steuerpflichtigen Einkommens von der Einkommensteuer bzw. von den (preußischen) fingierten Steuersätzen ebenfalls freigelassen ist, so kommt man doch der wirklichen Leistungsfähigkeit der einzelnen Gemeinden bzw. der Bevölkerung insofern näher, als nur das Staatseinkommensteuersoll in Betracht gezogen wird. Hiernach ergibt sich pro Kopf folgendes Bild:

1. Hamburg	(Staats- und Kommunalsteuern)				=	47,21 ℳ
2. Altona	(erhebt durchschn.		111 %	Zuschl.	=	16,06 ℳ
3. Harburg	,,	,,	170 %	,,	=	15,14 ℳ
4. Wandsbek	,,	,,	150 %	,,	=	10,60 ℳ
5. Wilhelmsburg	,,	,,	185 %	,,	=	10,82 ℳ
6. Schiffbek	,,	,,	160 %	,,	=	4,11 ℳ
7. Blankenese	,,	,,	130 %	,,	=	18,— ℳ
8. Reinbek	,,	,,	80 %	,,	=	21,56 ℳ

Der in Hamburg aufkommende Betrag von 47,21 ℳ ist gegenüber den unter laufenden Nummern 2 bis 8 aufgeführten preußischen Gemeinden wieder sehr hoch. Es sei hierbei darauf hingewiesen, daß in diesem Betrage wieder die Kommunalsteuer enthalten ist, in den preußischen Gemeinden dagegen nur die Staatseinkommsteuer.

Interessant ist diese Zusammenstellung insofern, als sie beweist, daß die zwei kleinen Gemeinden Blankenese und Reinbek — nach der Kopfzahl berechnet — am leistungsfähigsten sind, und zwar leistungsfähiger sogar, als die Großstadt Altona. Besonders ungünstig steht wieder Schiffbek da, das mit nur 4,11 ℳ noch nicht einmal den niedrigsten preußischen Staatssteuersatz von 6 ℳ aufbringen kann.

Die Verschiedenartigkeit der Leistungsfähigkeit läßt schon deutlich die Schwierigkeiten erkennen, eine geeignete Grundlage für den Zusammenschluß der einzelnen Gemeinden zu finden, ohne daß die leistungsschwachen Gemeinden durch die Weltstadtbildung in ihrer Entwicklung gehemmt werden. Die Zahlen zeigen deutlich, daß die leistungsschwachen Gemeinden eine steuerliche Mehrbelastung im Interesse Groß-Hamburgs kaum noch ertragen können. Und dann, kann man einer preußischen Gemeinde im Interesse Groß-Hamburgs zumuten, den steuerlich schwächsten Teil der Bevölkerung aufzunehmen, während Hamburg seine Walddörfer mit Schnellbahnen erschließt, um dem wohlhabenden Teil der Hamburger Bevölkerung Gelegenheit zu geben, sich dort anzusiedeln? Bekanntlich zahlt ein Arbeiter meist während seines ganzen Lebens nicht so viel Steuern als ein einziges Kind von ihm der Gemeinde an Schullasten verursacht. Kann man der Gemeinde Schiffbek auch noch die Aufnahme der Arbeiter des Industriegebietes Billwärder zumuten, während Hamburg selbst aus diesem Gebiet dauernd nur hohe Einkünfte zufließen? Aus welchem Grunde sollen gerade die Gemeinden südlich der Elbe die so drückenden Straßenbaukosten, die Armen- und Volksschullasten für Hamburgs Industrie- und Hafenarbeiter allein tragen? Gegen Hamburger Gebietsteile schützen nicht die Vorschriften des § 53 des preußischen Kommunalabgabengesetzes, nach denen Betriebsgemeinschaften zu den Volksschullasten herangezogen werden können. Wenn schon der damalige Oberbürgermeister Kirschner, Berlin, aus ähnlichem Anlaß über die Berliner Verhältnisse ausführte, „daß die Zersplitterung in den Gemeinden um Berlin zu Verhältnissen geführt habe, denen gegenüber die Verhältnisse des seligen Römischen Reiches deutscher Nation einfach und geregelt waren," so trifft dieser Ausspruch auch hier, aber in weit verstärktem Maße zu, denn hier liegen die Verhältnisse noch weit verwickelter als in Berlin, welches mit seinen Nachbargemeinden unter einer Staatshoheit und unter Gemeindeverfassungsgesetzen stehen, die sich in allen wesentlichen Punkten decken.

Die Frage, mit welchen Mitteln und auf welchem Wege die Gestaltung Groß-Hamburgs zu erreichen und zu lösen ist, ist daher nicht einfach. Es ist längst erkannt worden daß Hamburg inne - halb seiner Staatsgrenzen zum Stillstand, sogar zum Rückschritt gelangen muß. Dieser Gedanke hat in letzter Zeit sowohl in der Tagespresse als auch in Zeitschriften Ausdruck gefunden.

In Groß-Berlin hat man, da sich die Gemeinden zur gemeinsamen Durchführung der zur Weltstadtbildung notwendigen Verkehrs- und Siedlungsfragen s. Z. nicht auf freiwilliger Grundlage verständigen konnten, den Zweckverband Groß-Berlin auf Grund des Zweckverbandsgesetzes vom 19. Juli 1911 geschaffen. Damit wurde die Eingemeindung der verschiedenen Gemeinden nach Berlin vorläufig verhindert. Dieses Gesetz ist ein rein preußisches; es läßt sich auf Hamburg aus staatsrechtlichen Gründen nicht ohne weiteres übertragen. Will man überhaupt eine derartige Frage aufrollen, so muß man ergründen, in welchem Umfang ein Zweckverband seine Aufgabe erfüllen kann. Die Praxis hat gezeigt, daß das Gesetz dem Verbande zur Verwirklichung der ihm gestellten Aufgaben die Rechtsmittel nicht im notwendigen Ausmaße gibt. Mit anderen Worten: das Selbstverwaltungsrecht der Gemeinden ist in einem Maße aufrechterhalten worden, daß es dem Zweckverband zu wenig Betätigungsraum läßt. Es müssen daher die dem Zweckverband überwiesenen Aufgaben, namentlich die Verkehrsaufgaben, Schaden leiden. Aus diesem Grunde nehmen die Bestrebungen, eine Änderung der Groß-Berliner Kommunalverfassung herbeiführen, immer festere Formen an. Erst vor kurzer Zeit führte Oberbürgermeister Dominicus-Schöneberg aus, daß der Zweckverband sich nach verschiedenen Richtungen hin, vor allem auf dem Boden wirtschaftlicher Fragen so in allen Verkehrsfragen, in den technischen Großbetrieben, Gas, Elektrizität, Kanalisation, im Schulwesen, ebenso in der Sozialpolitik, als untauglich für die öffentlichen Gemeindeaufgaben erwiesen habe.

Für die Lösung aller Groß-Berliner Aufgaben muß eine gemeinsame Verwaltung bestehen, während die rein lokalen, also die weniger bedeutsamen Aufgaben in den Händen der Ortsverwaltungen bleiben könnten. Der Groß-Berliner Zweckverband hat hiernach vollständig versagt und soll nun eine Umgestaltung erfahren; ob ein neugestalteter Zweckverband die ihm zufallenden Aufgaben restlos erfüllen kann, wird sich erst an den Rechten ermessen lassen, die ihm eingeräumt werden sollen. Jeder Zweckverband, und mag seine Aufgabe noch so beschränkt sein, erheischt von den einzelnen Beteiligten ein Aufgeben der im Zweckverband umschriebenen Interessensphäre und der den Beteiligten in diesem Rahmen bisher gewordenen Rechte. Es kann daher dem Bundesstaat Hamburg nicht zugemutet werden, auf Grund eines eigens geschaffenen Reichszweckverbandsgesetzes auf Rechte zwangsweise zu verzichten, die auszuüben innerhalb seiner Grenzen er als Staat das alleinige Recht hat; andererseits würde es aber auch höchst sonderbar sein, wenn man preußischen Städten die ihnen städteordnungsgemäß zustehenden Rechte zu Gunsten eines anderen Bundesstaates beschneiden wollte. Aus all diesen Gründen konnte der bereits in der Tagespresse aufgetauchte Zweckverbandsgedanke auf beiden Seiten Anhänger nicht finden. Und dennoch sind alle ein einheitliches Wirtschaftsgebiet berührenden Fragen am zweckmäßigsten nur dann zu lösen, wenn sie in der Hand einer einheitlichen Verwaltung liegen; auch das hat der Zweckverband Groß-Berlin, wenn auch nicht direkt, so doch indirekt schlagend bewiesen.

Um in dem Hamburger Wirtschaftsgebiet die Verkehrs- und Siedlungsfragen regeln zu können, gibt es drei Wege:

1. Die Erklärung Groß-Hamburgs zum Reichsgebiet.
2. Zusammenschluß der preußischen Gemeinden zu einem Verband unter Verleihung besonderer Vorrechte durch den preußischen Staat.
3. Eingemeindung des preußischen Teiles des Wirtschaftsgebietes nach Hamburg.

Der erste Weg, die Erklärung Groß-Hamburgs zum Reichsgebiet hätte staatsrechtlich zur Folge, daß Hamburg seine Selbständigkeit als Bundesstaat verlieren und nur als ein vom Deutschen Reich regiertes Gemeindewesen, als sogenanntes Reichsgebiet weiter bestehen würde. Hamburg würde dann die Reichshandelsstadt des Deutschen Reiches. Dieser Weg wäre nur dann gangbar, wenn der Aufbau des deutschen Handels das Beschreiten dieses Weges gebieterisch forderte. Zwar gilt es Hamburg für seine Zukunft auszurüsten. Diese Ausrüstung kann unter Mitwirkung, keinesfalls aber unter Bevormundung des Deutschen Reiches erfolgen, denn der Hamburger Kaufmann, dem in erster Linie die harte Arbeit des Wiederaufbaues des deutschen Handels zufällt, hat sich bisher als Vorbild und Vorkämpfer, als weitblickender von nationalem Geiste erfüllter Handelspionier erwiesen. Die Verwirklichung des Gedankens würde auf unüberwindliche Schwierigkeiten stoßen, zumal nicht einzusehen ist, womit Hamburg die Aufgabe seiner Stellung als Bundesstaat im Interesse Groß-Hamburgs verdient hätte. Weniger schwer fiele die, wenn auch nicht leicht zu lösende Frage ins Gewicht, wie Preußen für die Aufgabe seiner Hoheitsrechte über die abzutretenden Gebiete entschädigt werden sollte Die letzte Frage muß auch bei dem dritten Wege, der hier zur Erörterung steht, behandelt werden. Die hier im Zusammenhang erö·terte Frage, die Erklärung Groß-Hamburgs zum Reichsgebiet, ist nur eine rein theoretische, deren Verwirklichung nicht im Bereich der Wahrscheinlichkeit liegt.

Der zweite Weg trägt der Tatsache Rechnung, daß das Wirtschaftsgebiet Groß-Hamburgs staatsrechtlich zwei verschiedenen Staaten angehört. Hamburg ist ein einheitlich verwaltetes geschlossenes Gemeinwesen, während die preußischen Gemeinden jede für sich, auf Grund des Selbstverwaltungsrechtes verwaltet werden. Die preußischen Gemeinden müssen daher benfalls zu einem geschlossenen organischen Verwaltungskörper zusammengefaßt werden, und zwar zu einem Verbande, der mit besonderen Vorrechten ausgestattet sein muß. Dieser Verband ist schon deshalb erforderlich, um einzelne Gemeinden nicht über ihre kommunale Leistungsfähigkeit hinaus im Interesse der weltstädtischen Verkehrs- und Siedlungspolitik zu belasten. In Erfüllung seiner Aufgaben wird er einen zweckverbandsähnlichen Charakter tragen. Das beiderseits zu erstrebende Endziel, die Weltstadtbildung mit allen Mitteln zu fördern, muß auf gemeinsamem Wege erreicht werden. Das Mittel zum Zweck muß ein zwischen Preußen und Hamburg zu tätigender Staatsvertrag sein; diesem muß von beiden Vertragskontrahenten das zu erstrebende Verkehrs- und Siedlungsprogramm zu Grunde gelegt werden. Auf ähnlicher Grundlage, wenn auch in ganz bescheidenen Grenzen hat bereits der preußische Staat mit der Hansastadt Bremen einen Vertrag abgeschlossen zum Schutze der preußischen Stadt Lehe. (s. Gesetzsammlung für die Königl. Preußischen Staaten, Jahrgang 1905, S. 291—306.) Das dem Vertrag zu Grunde liegende Programm hat sich nicht nur mit Verkehrs- und Siedlungsfragen im engeren Sinne zu befassen, sondern im weiteren Sinne mit allen damit im Zusammenhang stehenden Fragen, wie Wasserversorgung, Kanalisation, Armen- und Schulangelegenheiten, möglichste Ausgleichung der Steuerverhältnisse usw., damit auch in letzter Beziehung keine

Gemeinde Groß-Hamburgs wesentlich günstigere Verhältnisse bietet als die andere.

Die Vorrechte des Verbandes bestehen darin, daß Preußen die Ausübung der ihm zustehenden Rechte und Pflichten aus dem Staatsvertrag auf den Verband überträgt. Jeder Vertragsgegner ist selbständig in der Ausführung und hat die von beiden als notwendig erkannten und beschlossenen Grundsätze zu befolgen. Jeder kann bei dem anderen beantragen, daß über bestimmte im Rahmen des immerhin im Wechsel der Zeit flüssig bleibenden Programms innerhalb eines im Staatsvertrag bestimmten Zeitraumes verhandelt werde.

Kommt eine Einigung über schwebende Fragen nicht zustande, so dürfte ein Schiedsgericht zu berufen sein. Es kann dahingestellt bleiben, ob als solches etwa die Preußische Bauakademie oder das Reichsgericht in Frage kommt. Damit die Vertragsparteien nicht etwa zu beklagen haben, daß der Streitgegenstand dem Schiedsgericht etwa fremd sei oder fern läge, empfiehlt es sich, zwei von jedem Vertragsgegner zu wählende Sachverständige in das Schiedsgericht zu entsenden, das in der Besetzung von 7 oder 9 Mitgliedern entscheidet.

Ebensowenig aber, wie ein Untersuchungsrichter in der Sache mit richten kann, in der er die Untersuchung führte, dürfen Personen nicht als Schiedsrichter entsandt werden, die bei der Stellungnahme der Parteien in der Streitsache vorbereitend oder beschließend mitwirkten. Die Parteien sind dagegen nicht gebunden, nur ihre Einwohner als Beisitzer zu entsenden, sondern können jeden Deutschen dazu wählen.

Der preußische Verband muß eine zweckentsprechende Organisation erhalten. Die Rechte der Aufsichtsbehörde, die heute noch in der Hand der Oberpräsidenten von Schleswig-Holstein und Hannover liegen, müssen in einer Hand vereinigt werden, soweit die Verbandsfragen berührt werden.

Dem Verband müssen zur Ausführung der Verkehrs- und Siedlungsfragen Mittel zur Verfügung gestellt werden, die ihm zufließen müssen aus den von den Gemeinden aufzubringenden Umlagen, die sich ergeben aus dem Verhältnis der Steuerkraft der einzelnen Gemeinden und der Vorteile, die ihnen aus der Weltstadtentwicklung entstehen, ferner aus den finanziellen Hilfen, die der preußische Staat und das Reich leisten müssen, denn an der Schaffung eines Groß-Hamburgs haben nicht nur die direkt Beteiligten, sondern auch das Reich das größte Interesse.

Der dritte Weg, die Eingemeindung preußischer Gebietsteile nach Hamburg, steht in der letzten Zeit im Vordergrund der Erörterung. Schon vor dem Kriege hat die Denkschrift Altonas, die eine Eingemeindung der Stadt in Hamburg befürwortete, den Anstoß dazu gegeben. Jedoch wurde dies Problem Groß-Hamburgs noch nicht in seinem vollen Umfang erkannt. Der Gemeinderat Wilhelmsburg erklärte allerdings bereits 1906 in der kleinen Schrift: „Die preußische Elbinsel und ihre industrielle Entwicklung" auf die Zukunft Wilhelmsburgs eingehend: Wird Neuhof mit der Hohen Schaar Hamburger Gebiet, so bleibt nichts anderes übrig, als ganz Wilhelmsburg an Hamburg abzutreten.

Auch ist gelegentlich des Baus der Walddörferbahn, als Preußen für die Durchquerung seines Gebiets hohe Ansprüche stellte, auf die Notwendigkeit der Angliederung des dazwischen liegenden Gebiets hingewiesen worden. Von der Einbeziehung des ganzen großstädtischen Wirtschafts- und Verkehrsgebiets unter eine einheitliche Verwaltung, wie in dieser Schrift gefordert wird, ist aber nicht die Rede gewesen. Erst nach der Umwälzung kam der Gedanke eines größeren Hamburgs klar umrissen zum Ausdruck.[1]) Gegenüber der zweiten hier vorgeschlagenen Möglichkeit bietet eine Eingemeindung den Vorzug der glatteren Lösung. Die Erfahrungen, die in Berlin mit dem Zweckverbandsgedanken gemacht sind, ermutigen nicht zu seiner weiteren Anwendung. Die dortige Entwicklung geht stark in Richtung der „Einheitsgemeinde", diese jedenfalls bietet zweifellos für die Verwirklichung eines einheitlichen großzügigen weltstädtischen Verkehrs- und Siedlungsprogramms viele Vorteile. Die Zentralisation muß allerdings gemildert werden durch die Zulassung einer bestimmt umgrenzten Selbstverwaltung der Vororte.

Die Schwierigkeit einer solchen Eingemeindung liegt in der Frage der Entschädigung Preußens. Die jetzt im Werke befindliche Reichsfinanzreform, die eine Nivellierung der Finanzlasten im ganzen Reiche erstrebt, wird allerdings dazu beitragen, dies Haupthindernis zu beseitigen.

Schließlich ist zu erwägen, ob nicht bei der gedeihlichen Entwicklung des ersten Reichshafens, des zweitgrößten Städtekomplexes, in überwiegendem Maße Reichsinteressen mitsprechen, demgegenüber preußische Sonderinteressen zurückzutreten hätten. Diesem Gedanken ist in der Reichsverfassung durch den Leitsatz des Artikels 18 Ausdruck verliehen, daß die Abgrenzung der Länder „der wirtschaftlichen und kulturellen Höchstleistung des Volkes" zu dienen habe. Sie soll erfolgen unter möglichster Berücksichtigung des Willens der beteiligten Bevölkerung. Es ergibt sich hieraus die Möglichkeit, sobald die Mehrheit der beteiligten Bevölke-

---

[1]) vergl. die im Januar 1919 gedruckte Schrift: Fred. S. Baumann, „Groß-Hamburg". L. Friederichsen & Co.

rung sich für einen Zusammenschluß ausspricht, diesen durch ein verfassungänderndes Reichsgesetz durchzusetzen.

Unter allen Umständen müssen die Schwierigkeiten, die sich aus der staatsrechtlichen und der kommunalpolitischen Lage des Gesamtwirtschaftungskörpers ergeben, auf einem der drei vorgeschlagenen Wege behoben werden. Wir dürfen nicht künstliche Grenzen bestehen lassen, die zu den natürlichen Schwierigkeiten der Lösung des Problems noch weitere hinzufügen. Es dürfen nicht die Teile eines Körpers mit einander in Wettbewerb treten wollen, oder gar hindernd gegeneinander auftreten. Vor allem muß für einen guten Kreislauf im Körper gesorgt werden. Nur dort, wo im geregelten Kreislauf frisches Blut in ausreichender Menge hingelangt, kann sich ein gesundes Glied entwickeln. Die Zeit, in welcher der Partikularismus zum Schaden der Gesamtentwicklung Groß-Hamburgs vorherrschte, muß endgültig der Vergangenheit angehören, da nunmehr Größeres und Bedeutenderes entstehen und geschaffen werden muß.

Schluß.

Das Rüstzeug in diesem Kampfe ist für die Handelsrepublik Hamburg nicht nur der Wiederaufbau der Handelsflotte, sondern auch die weit ausschauende Weiterentwicklung ihrer Stadt auf weltstädtischer Grundlage. Jedes Zaudern wird unberechenbare Folgen nicht nur für Hamburg, sondern auch für Deutschland und sein weites Hinterland haben; schwer wird sich Versäumtes rächen, und das hierdurch entstehende Unheil lastet auf der Entwicklung Hamburgs wie eine schwere untilgbare Hypothek.

Die Schwierigkeiten der Durchführung der Weltstadtbildung liegen gerade für Hamburg nicht auf technischem Gebiet, wenn auch hier besonders hervorgehoben werden muß, daß unsachgemäß beeinflußte Planungen mehr Unheil anstiften als Nutzen bringen können, sondern auf staatsrechtlichem und kommunalem Gebiete, da Hamburg bei der Verfolgung seiner Weltstadtpläne auf den preußischen Gemeindekranz angewiesen ist, der in einer brauchbaren Form in das Interessengebiet Hamburgs einbezogen werden muß. Je später diese Einbeziehung erfolgt, um so schwieriger gestaltet sich die Lösung der Verkehrs- und Siedlungsfragen. Nur der schnelle alsbaldige großzügige Zusammenschluß zu einem Groß-Hamburg wird ihm die weitere Stellung als Welthandelsplatz sichern.

Die hier aufgestellten Forderungen, entwickelt aus der ursächlichen Notwendigkeit der Regelung der Hamburg bisher hemmenden Entwicklung als Weltstadt, sind im Grund genommen, nur Forderungen des gesunden Menschenverstandes, die schon seit einem Jahrzehnt brennend waren, jetzt aber nicht mehr unbeachtet bleiben können. Forderungen, die immer wieder aufs neue mit elementarer Gewalt auftreten und nicht mehr verschwinden werden. An dem richtigen Erfassen dieser gewaltigen Aufgabe, an der Würdigung und schnellen Prägung der Möglichkeiten, die der zielbewußte Ausbau eines Groß-Hamburgs mit der Durchführung eines klaren, einheitlichen Verkehrs- und Siedlungsprogramms bedingt, hängt letzten Endes auch die Hoffnung, das Instrument des neuen deutschen emporstrebenden Außenhandels zum Wohle des Volksganzen sicher handhaben zu können. An den Möglichkeiten zur Durchführung des Groß-Hamburger Weltstadtbildes, dem Sitz des Lebensnerves mitteleuropäischen Wirtschaftslebens, fehlt es nicht, wenn auch Hindernisse gewaltiger Art sich entgegenzustemmen scheinen. Woran es bis jetzt noch fehlt, ist eine von feierlichem, ernstem, durchgreifendem, tatkräftigem und unabänderlichem Willen getragene und auf gesetzmäßigem Boden gereifte Verständigung zwischen den beiden in Frage kommenden Staatsregierungen. Reich, Staat und Gemeinde, Arbeitgeber, und Arbeiterverbände, private gemeinnützige Vereinigungen, Politiker, Künstle und Ingenieure, die fähig sind, die weittragenden Maßnahmen zu planen und zielbewußt durchzuführen, sie alle müssen unter gleichzeitiger Anwendung aller Mittel, — Verkehrs-, Wohnungs- und Städtebaupolitik, Boden- und Steuerreform — zusammenarbeiten. Die Rettung kann nicht von halben Maßnahmen erwartet werden, sondern das Integral aller Hilfen und Quellen, aller inneren und äußeren Hilfsmittel, müssen hier, getragen von den Höhen deutschen Kulturfortschrittes zusammenwirken. Nur eine glückliche Zusammenfassung aller Kräfte und glückliche Durchführung aller Fragen kann das Weltstadtproblem am Nordseeausgang erschöpfen. Die einseitige Auskehrung von Sonderinteressen wäre eine durch nichts zu rechtfertigende Pflichtversäumnis.

Wer will sie an maßgebender Stelle auf sich laden?

Literaturverzeichnis.

Architekten- und Ingenieur-Verein Hamburg: Hamburg und seine Bauten 1890 und 1914.

Desgl.: Auszug aus dem Protokoll der Sitzung des Architekten und Ingenieur-Vereins zu Hamburg vom 1. Mai 1913.

Blum, O. Professor: Der Verkehr, die Grundlage der Weltstadtentwicklung. Sonderabdruck aus der Zeitschrift des Vereins Deutscher Ingenieure 1911.

Damaschke, Adolf: Die Bodenreform. Verlag Gustav Fischer-Jena.

Damaschke, Adolf: Die Aufgaben der Gemeindepolitik, Verlag von Gustav Fischer, Jena 1916.

Gemeinderat Wilhelmsburg: Die preußische Elbinsel Wilhelmsburg und ihre industrielle Entwicklung. Verlag Hugo Böhme Wilhelmsburg.

Gleim, C. O.: Zur Kritik der Schwebebahn. Sonderabdruck aus der deutschen Bauzeitung 1895.

Gleim, C. O. und Th. Ave-Lallemant: Zur Frage der Hamburger Vorortsbahnen. Verlag der Verlagsanstalt und Druckerei A. G. Hamburg 1894.

Hamburger Bau-Rundschau. Zeitschrift 1916. Heft 48—52.

Hegemann, Dr. Werner: Der Städtebau, nach den Ergebnissen der allgemeinen Städtebauausstellung in Berlin. Verlag von Ernst Wasmuth A. G. Berlin 1911.

Hercher, Ludwig: Großstadterweiterungen, ein Beitrag zum heutigen Städtebau. Verlag von Vaudenhoeck & Ruprecht. 1914.

Medizinal Collegium: Die Gesundheitsverhältnisse Hamburgs im 19. Jahrhundert. Verlag von Leopold Voß, Hamburg. 1901.

Melhop, Historische Topographie der Freien und Hansestadt Hamburg von 1880—1895. Hamburg 1895.

Petersen Richard: Der Entwurf einer Schwebebahn in Hamburg als Manuskript gedruckt. Nürnberg 1903.

Schimpff, Gustav: Hamburg und sein Ortsverkehr, Verlag von Julius Springer, Berlin 1903.

Schimpff, Gustav: Wirtschaftliche Betrachtungen über Stadt- und Vorortsbahnen. Verlag von Julius Springer, Berlin 1913.

Schimpff, Gustav: Erbauung höher Häuser in der Berliner Geschäftsstadt. Zeitschrift: Verkehrstechnische Woche. 1918 Heft 5/8.

Schumacher, Fritz: Die Kleinwohnung, Verlag von Quelle & Meyer in Leipzig 1917.

Sitte, Camillo: Der Städtebau nach seinen künstlerischen Grundsätzen Verlag von Carl Graeser & Co., Wien 1900.

Stein, Wilhelm: Die Hamburger Hochbahn, Sonderabdruck aus der Zeitschrift des österreichischen Ingenieur- und Architekten-Vereins 1912.

Stübben, H.: Die Aufgaben der Gemeinden auf dem Gebiete der Bauordnung in künstlerischer Hinsicht. Deutsche Bauzeitung 1914.

Wittig, P.: Die Weltstädte und der elektrische Schnellverkehr. Verlag von Wilhelm Ernst & Sohn, Berlin. 1909.

Mitteilungen des Senats an die Bürgerschaft: a) 1910 Nr. 259. Antrag betreffend den Anschluß einzelner Teile des Landgebietes an die Stadt Hamburg. b) 1912 Nr. 6. Antrag betreffend die Walddörferbahn. c) 1912 Nr. 238. Antrag betreffend die Herstellung einer elektrischen Schnellbahn nach Langenhorn.

Statistisches Amt des Staates Hamburg: Jahresberichte 1909, 1910, 1911, 1912, 1913.

Druck von J. J. Augustin in Glückstadt und Hamburg.

MIX
Papier | Fördert gute Waldnutzung
FSC® C083411

Zeitfracht Medien GmbH
Ferdinand-Jühlke-Straße 7
99095 Erfurt, Deutschland
produktsicherheit@kolibri360.de